JIUDIHUA JIDIAN BAOHU JISHU

就地化继电保护技术

下 册

国网浙江省电力有限公司　组编

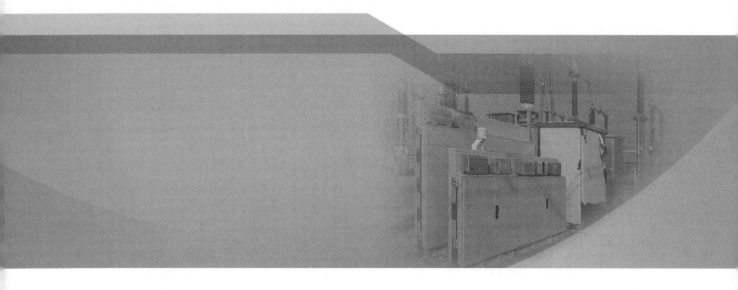

中国电力出版社

CHINA ELECTRIC POWER PRESS

内 容 提 要

本书主要介绍就地化保护关键技术和工程应用，分为上、下两册。上册共分为 11 章，介绍就地化保护关键技术、通用要求、连接器及预制缆、相关装置以及网络设备等内容：下册共分为 7 章，介绍就地化保护整体方案、工具自动配置、检测试验、现场安装、巡视巡检以及更换式检修等内容。

本书可供从事变电站继电保护及相关二次专业的调度、运行、基建、设计、维护、检修、调试、检测工程技术人员使用，也可供科研、制造单位以及高等院校相关专业师生学习参考。

图书在版编目（CIP）数据

就地化继电保护技术. 下册 / 国网浙江省电力有限
公司组编. -- 北京：中国电力出版社，2025. 2.
ISBN 978-7-5198-9576-1

Ⅰ. TM77

中国国家版本馆 CIP 数据核字第 20242V0R99 号

出版发行：中国电力出版社
地　　址：北京市东城区北京站西街 19 号（邮政编码 100005）
网　　址：http://www.cepp.sgcc.com.cn
责任编辑：刘丽平　张冉昕（010-63412364）
责任校对：黄　蓓　朱丽芳　马　宁
装帧设计：赵丽媛
责任印制：石　雷

印　　刷：北京雁林吉兆印刷有限公司
版　　次：2025 年 2 月第一版
印　　次：2025 年 2 月北京第一次印刷
开　　本：889 毫米×1194 毫米　16 开本
印　　张：24
字　　数：578 千字
印　　数：0001—1000 册
定　　价：125.00 元（上、下册）

编 委 会

前　言

随着电网的快速发展，传统变电站继电保护系统虽已开展智能化、数字化建设，但仍存在布置不灵活、整体可靠性低、运检难度大等问题，具体表现为：①继电保护屏柜与就地电力设备之间需通过长距离的复杂线缆进行信号连接，该保护系统架构模式环境适应性差，难以适用于海上风电平台等空间受限的运行场景；②智能变电站继电保护装置通过交换机实现信息交互，增加变电站二次设备数量的同时也降低了系统整体的可靠性；③继电保护系统接线、配置复杂，安装调试及运维检修工作量大且依赖厂家。因此，以就地化为特征的继电保护新技术应运而生。

结合智能变电站技术的发展，以采样数字化、保护就地化、元件保护专网化、信息共享化为特征的就地化继电保护新技术为解决以上问题提供了思路。就地化继电保护（简称就地化保护）是微机保护以来继电保护形态的重要变革，它是将保护装置放至相应的主设备附近现场就地安装，采用电缆直采和电缆直跳的方式减小电缆总长度及中间环节。2015 年以来，就地化保护新技术按照制订顶层设计、攻关关键技术、研制保护样机、开展试点应用和工程实用转化的路线，积极稳步推进。就地化保护解决了高可靠网络架构、复杂环境设备防护、智能化运维等难题，系列设备陆续在变电站和新能源场站投入运行，经受了严寒、高温、高海拔、盐雾等各种严苛环境考验，推动了继电保护技术发展，对于保障现代复杂大电网的安全稳定运行具有重要现实意义。

本书编写过程中得到了国家电力调度控制中心、国网浙江省电力有限公司相关领导的关心支持，国网浙江省电力有限公司各地市供电公司、中国电力科学研究院有限公司、北京四方继保自动化股份有限公司、南京南瑞继保电气有限公司、国电南瑞科技股份有限公司、国电南京自动化股份有限公司、许继电气有限公司、长园深瑞继保自动化有限公司、上海思源弘瑞自动化有限公司、国家电网有限公司华北分部、国家电网有限公司华东分部、国家电网有限公司华中分部、国网江苏省电力有限公司、国网辽宁省电力有限公司、国网陕西省电力有限公司、国网河南省电力有限公司、国网湖南省电力有限公司、国网冀北电力有限公司、国网新疆电力有限公司、国网重庆市电力有限公司、国网宁夏电力有限公司、中航光电科技股份有限公司、许昌开普检测研究院股份有限公司等单位对本书的编写提供诸多帮助，在此致以衷心地感谢！

本书分为上、下两册，上册主要介绍就地化保护关键技术，下册则介绍就地化保护的工程应用，以期为继电保护研发设计、检测试验、工程应用、运行维护、教学培训等相关二次专业技术人员提供帮助。

由于编者水平有限，书中难免有疏漏和不足之处，恳请读者批评指正。

编　者

2024 年 10 月

目　录

下　册

12 110kV 就地化保护整体方案

本章介绍了 110kV 变电站就地化保护的技术方案，从 110kV 整站的就地化保护总体架构入手，具体讲述了各类保护、安全自动装置以及智能管理单元的技术要求和配置原则。

12.1 110kV 变电站就地化保护的总体架构

110kV 变电站就地化保护总体架构如图 12-1 所示。

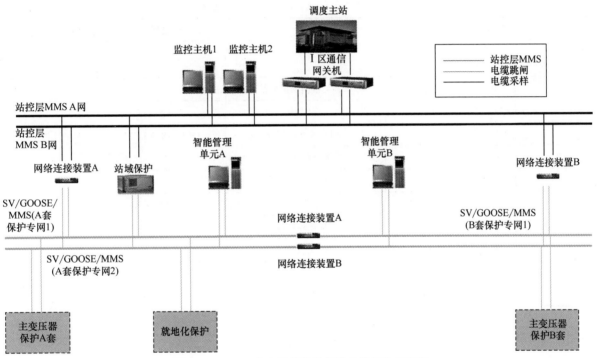

图 12-1　110kV 变电站就地化保护总体架构示意图

110kV 就地化保护主要具备以下特征：

（1）110kV 就地化保护装置均就地安装，采用电缆采样、电缆跳闸模式；按间隔配置就地化操作箱，安装于本间隔就地控制柜中，完成对本间隔断路器的跳合闸控制和间隔电压切换功能。变压器保护采用分布式设计或者集中式设计，母线保护采用积木式设计。

（2）独立设置 SV/GOOSE/MMS 三网合一的保护专网，保护设备之间联闭锁信息通过保护专网交互，针对双重化保护设置两套独立的保护专网，通过网络连接装置实现双重化配置的保护专网之间必要的信息交互。站域保护、故障录波、网络分析仪、安稳等设备与就地装置通过就地化网络传输设备实现数据交互和共享。

（3）站控层网络采用星形双网，通过网络连接装置实现站控层网络与保护专网之间 MMS 网络信息交互，完成远端对保护装置信息的监视与控制。35kV 及以下保测一体装置采用开关柜继电保护装置，对上接入站控层网络。

12.1.1　110kV 变电站就地化保护整站设备

以 110-A1-1 为例，建设规模：110kV 出线本期及远景 4 回；主变压器本期 2 台，远期 3 台。设备清单按照远期规模进行配置，110kV 线路保护及就地化操作箱单套配置，每个间隔组 1 面柜；110kV 分段保护及就地化操作箱单套配置，组 1 面柜；110kV 母线保护单套配置，每套保护需 2 台子机，组 1 面柜；主变压器就地化保护组屏可采用高低两侧集中组屏方案，A、B 套可组 1 面柜。设备清单详见表 12-1。

表 12-1　　　　　　　　　　　　　110kV 变电站就地化保护整站设备清单

安装位置	序号	标号	名称	规格型号	数量	备注
110kV 线路保护及户外柜					四面	按间隔
	1	1n	就地化线路保护装置	PAC-813A-JG-G	1	
	2	4n	操作箱	ZFZ-811/G	1	
	3	50n	多模 LC 头光纤配线架	ODFY48-D-LC24	1	
	4		光纤转接板	24LC	1	
	5	ZDH	4 头光缆终端盒含法兰	GPH-A-4-FC4	1	光差用
	6	1CLP1~2	红色连接片	FJL1-2.5/2A R4	2	
	7	LP1~7	浅驼色连接片	FJL1-2.5/2A	7	
	8	1DK	直流空气开关	DC 2P 3A	1	
	9	4DK	直流空气开关	DC 2P 6A	1	
	10	1ZKK	交流空气开关	AC 3P 1A	1	
	11	1~2AK	交流空气开关	AC 1P 1A	2	
	12	1~2A	照明灯及灯座	YB12-FJ	2	
	13		光纤跳线	2LC-2FC-M2-L2	2	
	14		光纤跳线	2LC-2LC-M2-L0.5	4	
	15		预制电缆	21 芯 1.5mm²	1	单端航插
	16		预制电缆	12 芯 2.5mm²	1	单端航插
	17		预制光缆	16 芯（4 芯单模 12 芯多模）	1	双端航插
110kV 分段保护及户外柜					一面	
	1	1n	就地化分段保护装置	PAC-861A-JG-G	1	
	2	4n	操作箱	ZFZ-811/G	1	
	3	50n	多模 LC 头光纤配线架	ODFY48-D-LC24	1	
	4		光纤转接板	24LC	1	

续表

安装位置	序号	标号	名称	规格型号	数量	备注
	5	1CLP1	红色连接片	FJL1-2.5/2A R4	1	
	6	LP1～8	浅驼色连接片	FJL1-2.5/2A	8	
	7	1DK	直流空气开关	DC 2P 3A	1	
	8	4DK	直流空气开关	DC 2P 6A	1	
	9	1ZKK	交流空气开关	AC 3P 1A	1	
	10	1～2AK	交流空气开关	AC 1P 1A	2	
	11	1～2A	照明灯及灯座	YB12-FJ	2	
	12		光纤跳线	2LC-2LC-M2-L0.5	4	
	13		预制电缆	21 芯 1.5mm^2	1	单端航插
	14		预制电缆	12 芯 2.5mm^2	1	单端航插
	15		预制光缆	16 芯多模	1	单端航插
主变压器保护户外柜					三面	
	1	1～2-1n	就地化主变压器保护装置（A 套）	PAC-8278T1-JG-G	2	双套配置
	2	1～2-2n	就地化主变压器保护装置（B 套）	PAC-8278T1-JG-G	2	双套配置
	3	1～2-4n	操作箱	ZFZ-811/G	2	
	4	1～2-50n	多模 LC 头光纤配线架	ODFY48-D-LC48	2	
	5		光纤转接板	96LC	1	
	6	1～2-1CLP1～4	红色连接片	FJL1-2.5/2A R4	8	
	7	LP1～10	浅驼色连接片	FJL1-2.5/2A	10	
	8	1～2-1DK，1～2-2DK	直流空气开关	DC 2P 3A	4	
	9	1～2-4DK	直流空气开关	DC 2P 6A	2	
	10	1～2-1ZKK，1～2-2ZKK，	交流空气开关	AC 3P 1A	4	
	11	1～2AK	交流空气开关	AC 1P 1A	2	
	12	1～2A	照明灯及灯座	YB12-FJ	2	
	13		光纤跳线	2LC-2LC-M2-L0.5	36	
	14		预制电缆	7 芯 1.5mm^2	4	单端航插
	15		预制电缆	17 芯 1.5mm^2	4	单端航插
	16		预制电缆	22 芯 2.5mm^2	4	单端航插
	17		预制光缆	16 芯多模	4	单端航插
母线保护子机及户外柜					一面	
	1	1-1～2n	就地化母线保护装置	PAC-805AL-JG-G	2	
	2	50n	多模 LC 头光纤配线架	ODFY48-D-LC48	1	
	3		光纤转接板	48LC	1	

安装位置	序号	标号	名称	规格型号	数量	备注
	4	CLP	红色连接片	FJL1-2.5/2A R4	12	
	5	LP1~6	浅驼色连接片	FJL1-2.5/2A	6	
	6	1-1~2DK	直流空气开关	DC 2P 3A	2	
	7	1-1~2ZKK	交流空气开关	AC 3P 1A	2	
	8	1~2AK	交流空气开关	AC 1P 1A	2	
	9	1~2A	照明灯及灯座	YB12-FJ	2	
	10		光纤跳线	2LC-2LC-M2-L0.5	14	
	11		预制电缆	21 芯 1.5mm²	2	单端航插
	12		预制电缆	37 芯 2.5mm²	2	单端航插
	13		预制电缆	24 芯 2.5mm²	2	单端航插
	14		预制电缆	24 芯 2.5mm²	2	单端航插
	15		预制光缆	16 芯多模	2	双端航插

12.1.2 110kV 整站就地化保护的配置模式

（1）线路保护：110kV 线路间隔按单重化配置完整的、独立的能反映各种类型故障、具有选相功能的全线速动线路保护。线路保护采用就地布置，模拟量电缆采样，采集本间隔保护电流、电压；采用电缆跳合闸方式，同时通过保护专网实现启动失灵保护、接收闭锁重合闸等功能。

（2）母联保护：采用就地布置。

（3）母线保护：采用就地布置，积木式模式，可星形网络结构或者环网网络结构。单套保护实现完整母线保护功能。母线保护通过电缆直接采集模拟量、开关量，电缆直接跳闸，同时母线保护通过保护专网与间隔保护交互，实现启动失灵、闭锁重合闸等功能。

（4）主变压器保护：采用就地布置，集中式模式，双套保护分别接入双重化保护专网。主变压器保护通过电缆直接采集模拟量、开关量，电缆直接跳闸，通过保护专网实现启动失灵、闭锁备自投等功能。本体智能终端电缆采集非电量开入，通过硬接点直接跳闸，接入保护专网传输 GOOSE 信号供故障录波器等装置使用，支持 MMS 信息上送。

（5）备用电源自动投入装置：具备独立的输入输出接口，不跟继电保护或其他测控设备共用采集单元和输出控制单元，就地化备投装置如需获取继电保护设备的关联动作信息，则接入保护专网；就地化备自投装置通过公用的变电站 MMS 站控层网络与站内监控系统通信。

（6）站域保护：采用室内布置，安装在控制室屏柜内，无特殊热交换要求，通过网络采样网络跳闸，实现站域保护功能。站域保护接入保护专网，实现备自投、低周低压减载、过负荷联切及简易母线保护等功能。通过以太网口接至站控层 MMS 网。

12.1.3 110kV 整站就地化保护的网络架构

1. 全站保护专网

为保证保护的独立性和可靠性，设置全站保护装置专网。就地化保护装置拥有 SV、GOOSE、MMS 三网合一共口输出功能，构建全站保护专网以实现二次设备之间的信息交互。全站线路保护、变压器保护、母线保护等就地化保护通过保护专网实现相互之间的信息交互，同时通过按电压等级双重化配置的智能管理单元，对保护装置信息进行集中管理，完成保护与变电站监控之间的信息交互，实现保护功能与全站 SCD 文件解耦。

对于 10~35kV 保护测控一体装置，直接接入站控层 MMS 网，不接入保护专网。

2. 元件保护星形网络

保护子机和主机之间采用星形架构（见图 12-2），保护主机处于中心节点，每个子机通过一对千兆光纤与主机点对点通信。

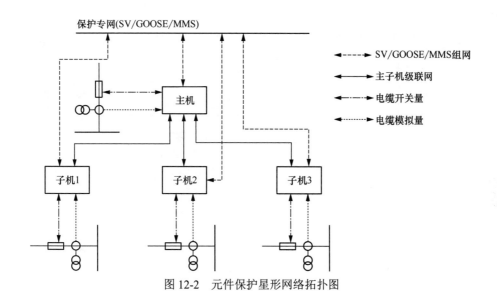

图 12-2　元件保护星形网络拓扑图

保护主机和子机均接入保护专网，其中，保护主机发布 SV 报文，收发 GOOSE、MMS 报文。保护子机发布 SV、GOOSE 报文，并与管理单元通信。SV 报文包含本子机所采集间隔的模拟量信息。主机 GOOSE 发送报文包含整套母线保护的跳闸信号和本主机所采集间隔的开关量信息，主机 GOOSE 接收报文为所有间隔的启动失灵信号，子机 GOOSE 发送报文包括本子机所采集间隔的开关量信息。

监控系统仅与保护主机通信，保护主机和子机均与管理单元通信。管理单元具备对保护子机设置子机编号、子机对应间隔 TA/TV 变比定值、检修软压板和复归的操作功能。

3. 元件保护环网

就地化元件保护按被保护对象设置独立的双向环网，简称元件保护环网。该网络采用高可靠无缝冗余的专用环网通信协议，确保元件保护各子机间的通信可靠性。

元件保护各子机之间须依靠通信网络交互数据。传统的星形网络因中心节点的存在而必须是有主机模式，主机需配置众多光口与子机连接，不利于实现就地化，且任一通信链路异常都会使保护功能退出。采用双向双环网络，冗余设计保证了网络通信的可靠性，各子机启动 CPU 和保护 CPU 均能实现采集、传输、运算处理的物理独立性，提高了保护的可靠性。分布式就地化主变压器保护和环网积木式就地化母线保护基于双向双环网络设计。双向冗余双环形网络拓扑结构示意图如图 12-3 所示。

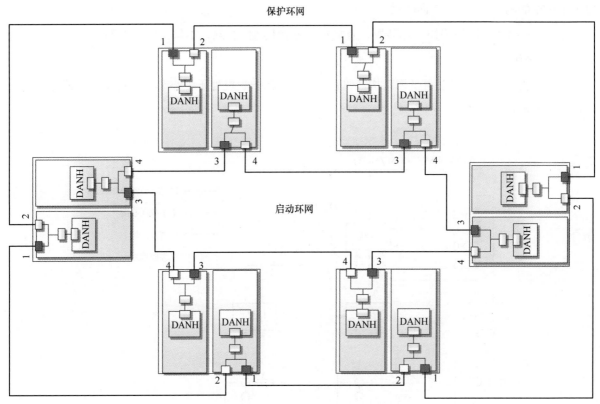

图 12-3　双向冗余双环形网络拓扑结构示意图

4. 双重化的保护专网间信息交互

单套配置的 110kV 线路保护、110kV 母差保护、110kV 母联（分段）保护、备自投等装置接入 A 套保护专网，需要与 B 套变压器保护交互启动失灵、解除复压闭锁、失灵联跳、闭锁备自投等信息，可以采用基于流量管控的网络连接装置方案。

如图 12-4 所示，通过网络连接装置实现双重化配置的保护专网之间必要的信息交互。网络连接装置和保护专网交换机共四个端口（图中方框）均采用流量、报文类型管控；对订阅的报文进行流量控制，为每路订阅的报文分配最大传输带宽，将异常流量限制在最大传输带宽内；对于非订阅的报文进行丢弃处理。可保证两个网络之间只传输必要的连闭锁信息，当流量管控的交换机或网络连接装置中任一设备异常或故障时，仍能保证一个网络异常或退出时不应影响另一个网络的可靠运行。

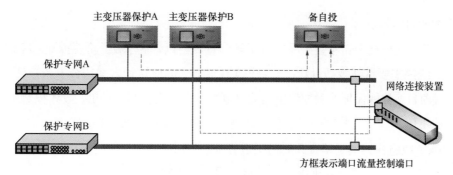

图 12-4　基于流量管控的网络连接装置方案

12.1.4　110kV 智能站 TV 接入能力分析

　　为保证电压互感器的准确级，电压互感器的二次负载必须在二次绕组额定容量的 25%～100% 范围内。由于目前广泛采用微机保护、微机监控及电子式多功能电能表，电压互感器的二次负载较小。为使电压互感器二次绕组容量与二次负载相匹配，现对各电压等级常规建设规模常用主接线电压互感器的二次负载进行统计，从而确定电压互感器各二次绕组在额定容量下所带负荷支路数。目前，由于智能站 TV 仅接入母线合并单元，容量选取一般为 10VA（比较小，常规变电站一般选取 30VA、50VA 或者更大），单台装置电压接点容量为 0.5VA，因此若在智能站上改造就地化保护，则可能存在 TV 容量不足，不能带动就地化装置的情况。本章以 110kV 变电站为例进行分析。表 12-2 为 110kV 变电站 110kV 母线 TV 负荷。

表 12-2　110kV 变电站 110kV 母线 TV 负荷

名称	容量（VA）	数量	合计	二次绕组额定容量（VA）	二次负荷与额定容量比
合并单元	0.5	2	1		
线路就地化保护装置	0.5	6	3		
分段就地化保护装置	0.5	1	0.5	10	75%
母线就地化子机	0.5	2	1		
主变压器就地化主机	0.5	4	2		
			7.5		

　　110kV 变电站 110kV 出线一般在 6 条以内，主变压器两台双套接入，母差按两台子机配置，备自投及低压减载通过站域保护实现，站域保护通过保护专网获取 TV 电压，不需要接入 TV 负荷，测控可采用原有自动化系统设备，通过合并单元获取 TV 电压，若全站综合自动化改造取消合并单元，增加两台母线测控装置，对负荷与额定容量比亦影响不大，满足负载必须在二次绕组额定容量的 25%～100% 范围内的要求。

12.1.5　就地化保护端子箱与原有端子箱合并方案的讨论

12.1.5.1　甲厂家方案

　　就地化保护端子箱放置于一次场内，与原有一次设备端子箱紧邻而置，由于两端子箱内无电气设备安装（除操作箱），因此可考虑将两柜合二为一，这样既节省了场地和设备材料，又减少了故障节点，增加了系统的可靠性。

端子箱合二为一，新端子箱布置于原来端子箱位置或附近，原有端子箱要拆除，基础需重新施工，一次机构出来的线缆需要重新规划设计，工期相对比较长，因此这种方案适合于新建站或整站改造的项目。对于挂网项目，常规保护的测控线缆需要从新端子箱（合并后）引出，故线缆数量会倍数增加，因此，考虑到施工困难程度，挂网站（非整站改造）尽量不要合并端子箱。

以下对 110kV 线路保护端子箱合并后情况进行分析。

单间隔组柜若与原端子箱合并进出柜体线路配置见表 12-3。

表 12-3　　　　　　　　单间隔组柜与原端子箱合并进出柜体线路配置表

进线方式	线型	线缆保护柜	外径（mm）	备注
侧壁进线	预制光电缆	3		
电缆沟进线	4×4	8+6（左右）	12.2	
	19×1.5	1	17.1	
	10×2.5	3	16.6	
	4×2.5	4+2（左右）	10.8	
	8×2.5	3+2（左右）	14.1	
	4×1.5	5+1（左右）	9.3	
	14×1.5	1	15.4	
	8×1.5	1（右）	12.1	
	8×4		16.6	
	光缆	1		

单间隔大概有 35 根线缆进出端子箱，若两线一柜将近有 70 根线缆进出端子箱，现场施工布线有一定的困难。

另外，对于端子布置，单台装置端子在 110 个端子左右，若不考虑原有端子箱合并，两侧端子布置完全没有问题，若与原端子箱合并，单间隔增加 100 个端子左右，需打横排端子，或增加竖排端子，大概增加约 200 个端子，因线路间隔需安装操作箱设备，加上光缆配线（简称光配），箱内空间有些紧张，对于 220kV 的线路保护增加端子会更多。

12.1.5.2　乙厂家方案

在改造站中，就地化保护柜的安装与选址会涉及与原有一次设备端子箱的融合问题，目前考虑的方案如下：

（1）在原有的一次设备端子箱旁边竖立新的就地化端子箱；

（2）将原有的一次设备端子箱拆除，在原位置竖立新的就地化端子箱。

考虑到就地化端子箱的主要作用及空间容量，建议优先考虑方案（1）。竖立新的就地化端子箱，将原有的端子箱保留，与保护有关的电缆接线挪到或转接到新端子箱中。因为考虑到现场实际情况，很可能新的就地化端子箱空间不会多出很多，有些涉及一次设备的电缆及端子很可能还不能挪动，得保留在原有的一次设备端子箱中。一步步改造，直到改造完成，或者最后完全用不到老端子箱中的回路时，可将其拆除。就地化端子箱示意图见图 12-5。

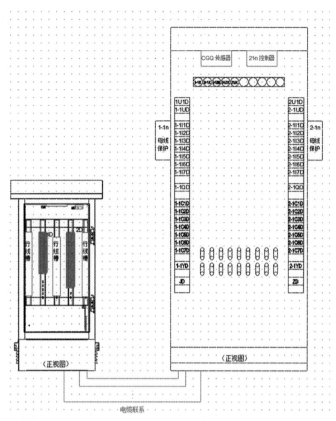

图 12-5　就地化端子箱示意图

12.1.5.3　丙厂家方案

关于一、二次端子箱融合的建议：

（1）建议柜子外形做成统一柜体，但是一次、二次分为 2 个独立舱；舱体侧壁留有走线孔，完成回路的对接。

（2）形成统一的柜体结构，柜子的二次舱体部分由二次厂家完成，一次舱体由一次厂家完成，顶盖作为一个单独的单元，在一、二次舱体合体后，最终加上顶盖。

（3）二次舱体由二次厂家完成，优点在于解决目前智能站中出现的汇控柜中屡次出现的二次扎线问题（由于各专业不同，跨专业的设计，厂家的设计及组装能力均会出现瓶颈）。

（4）一、二次舱体部分最终由两个厂家中的一家完成组装，并完成 2 个舱体之间的回路联系，该回路联系由设计院最终确认。

12.2　线 路 保 护 方 案

12.2.1　技术要求

（1）每套线路保护均具有完整的主后备保护功能。

（2）线路保护采用标准连接器进行电缆直接采样，采集本间隔电流互感器的二次电流及本间隔三相电压、同期电压。

（3）线路保护采用标准连接器电缆直接跳闸，通过标准连接器向保护专网发送本装置的跳闸信号及其他状态信号，例如：启动失灵、闭锁重合闸、远方跳闸。

（4）线路保护采用标准连接器接入必要的开入量信息，例如：断路器位置、合后位置；通过标准连接器从保护专网获取其他保护或控制设备的相关信号，例如：闭锁重合闸、远方跳闸。

（5）线路保护具备 SV、GOOSE 和 MMS 共口输出功能，通过标准连接器向保护专网发布，可供站域保护和智能录波器等其他设备使用。

（6）110kV 线路保护纵联通道采用单通道，通过标准连接器完成通信。

（7）线路保护具备送出 4kHz 采样率 SV 数据的能力；应能够实现采样同步功能，在外部同步信号消失后，至少能在 10min 内继续满足 4μs 同步精度要求；输出协议采用 IEC 61850-9-2；在电源中断、电压异常、采集单元异常、通信中断、通信异常、装置内部异常等情况下不误输出。

12.2.2　配置原则

（1）每回 110kV 线路按间隔单重化配置完整的、独立的能反映各种类型故障、具有选相功能的全线速动线路保护。

（2）线路保护应完成站域、智能录波器等其他保护和控制设备对本间隔数据的获取及对本间隔设备的控制。

（3）线路保护优先采用无防护安装方式，对于极寒等恶劣运行环境可安装于就地控制柜内。

（4）线路保护对外接口采用标准电连接器和光连接器，采用单端预制方式。

（5）线路保护跳合闸出口硬压板设置在本间隔就地控制柜内。

110kV 线路间隔实施方案示意图如图 12-6 所示。

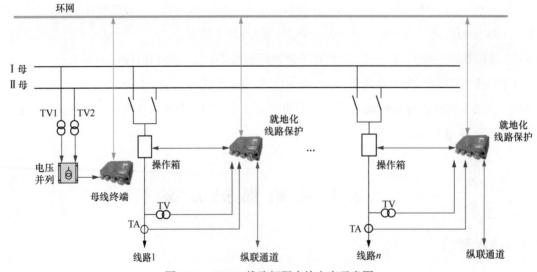

图 12-6　110kV 线路间隔实施方案示意图

注：此图中不包含电压切换箱、操作继电器组等辅助装置。

12.3　母　联　保　护　方　案

12.3.1　技术要求

（1）母联保护采用标准连接器进行电缆直接采样，采集本间隔电流互感器的二次电流。

（2）母联保护采用标准连接器电缆直接跳闸，通过标准连接器向保护专网发送本装置的跳闸信号及其他状态信号，例如：启动失灵。

（3）母联保护具备 SV、GOOSE 和 MMS 共口输出功能，通过标准连接器向保护专网发布，可供站域保护和智能录波器等其他设备使用。

（4）母联保护具备送出 4kHz 采样率 SV 数据的能力；应能够实现采样同步功能，在外部同步信号消失后，至少能在 10min 内继续满足 4μs 同步精度要求；输出协议采用 IEC 61850-9-2；在电源中断、电压异常、采集单元异常、通信中断、通信异常、装置内部异常等情况下不误输出。

12.3.2　配置原则

（1）110kV 就地化母联断路器按照单套配置。

（2）母联保护应完成站域、智能录波器等其他保护和控制设备对本间隔数据的获取及对本间隔设备的控制。

（3）母联保护优先采用无防护安装方式，对于极寒等恶劣运行环境可安装于就地控制柜内。

（4）母联保护对外接口采用标准电连接器和光连接器，采用单端预制方式。

（5）母联保护跳闸出口硬压板设置在本间隔就地控制柜内。

110kV 母联间隔实施方案示意图如图 12-7 所示。

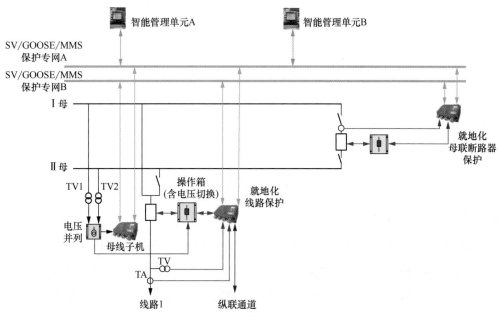

图 12-7　110kV 母联间隔实施方案示意图

12.4 元件保护方案

12.4.1 母线保护

12.4.1.1 技术方案

[方案一] 环网积木式就地化母线保护

（1）母线保护采用积木式设计，由一个或多个母线保护子机构成，各保护子机间通过独立的双向双环网连接。

（2）所有子机均具备保护功能；所有子机可同时具备管理功能或者特定某个保护子机作为管理主机。

（3）每个母线保护子机固定接入 8 个间隔，负责 8 个间隔的模拟量和开关量的采集和对应间隔的分相跳闸出口。

（4）每个母线保护子机通过元件保护环形网络接收其他子机采集的模拟量和开关量信息，独立完成所有保护功能，跳本子机所接入的相关间隔。

（5）母线保护跟其他保护的联闭锁信号通过保护专网以 GOOSE 方式交互。所有子机都接入保护专网，发布 SV 报文，收发 GOOSE、MMS 报文。

（6）母线保护子机具备 SV、GOOSE、MMS 三网合一共口输出功能。

积木式就地化母线保护示意图如图 12-8 所示。

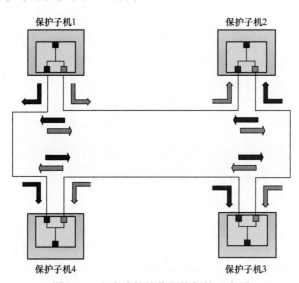

图 12-8 积木式就地化母线保护示意图

[方案二] 星形积木式就地化母线保护

（1）母线保护采用积木式设计，由一个母线保护主机和多个保护子机构成。

（2）主机实现装置保护功能和管理功能，子机仅负责采集并上送对应间隔信息和执行保护主机的命令。

（3）每台主、子机均可接入 8 个间隔，负责 8 个间隔的模拟量和开关量的采集和对应间隔的分相跳闸出口。

（4）子机和主机之间采用星形架构，主机处于中心节点，每个子机通过一对千兆光纤与主机点对点通信。

（5）主机和子机均接入保护专网，其中，保护主机发布 SV 报文，收发 GOOSE、MMS 报文。子机发布 SV、GOOSE 报文，并与管理单元通信。

（6）主、子机应具备 SV、GOOSE、MMS 三网合一共口传输功能。

星形积木式母线保护示意图如图 12-9 所示。

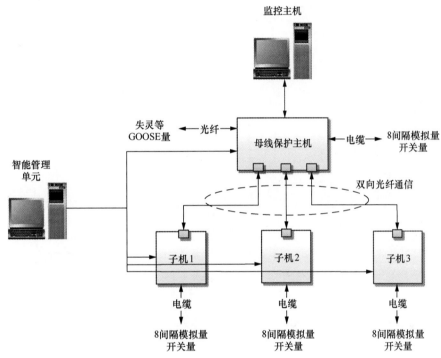

图 12-9　星形积木式母线保护示意图

12.4.1.2　配置原则

（1）有稳定要求 110（66）kV 系统，按远景规模配置单套母线差动保护装置。

（2）就地化母线保护不考虑带旁路接线。

（3）就地化母线保护子机所接支路的属性固定，工程规模与保护装置配置的对应关系见表 12-4。

表 12-4　　　　　　　　　　　工程规模与保护装置配置对照表

装置配置 / 接入间隔	子机 1		子机 2		子机 3		子机 4	
双母双分接线	间隔 1	Ⅰ母 TV	间隔 1	Ⅱ母 TV	间隔 1	备用	间隔 1	备用
	间隔 2	母联	间隔 2	分段 1	间隔 2	分段 2	间隔 2	备用
	间隔 3	主变压器 1	间隔 3-6	支路 10-13	间隔 3-8	支路 16-21	间隔 3-8	支路 22-27
	间隔 4	主变压器 2	间隔 7	主变压器 3				
	间隔 5-8	支路 6-9	间隔 8	主变压器 4				

注 1 在双母线、单母分段和单母线时，保护子机 2 和 3 的间隔 2 作为备用。单母线时，保护子机 1、2 和 3 的间隔 2 作备用。
　　2 支路 4/5/14/15 固定接入主变压器间隔。
　　3 子机数量按照工程实际需求配置。

续表

装置配置 接入间隔	子机 1		子机 2		子机 3		子机 4	
双母单分段接线	间隔 1	Ⅰ母 TV	间隔 1	Ⅱ母 TV	间隔 1	Ⅲ母 TV	间隔 1	备用
	间隔 2	母联 1	间隔 2	分段	间隔 2	母联 2	间隔 2	备用
	间隔 3	主变压器 1	间隔 3-6	支路 10-13	间隔 3-8	支路 16-21	间隔 3-8	支路 22-27
	间隔 4	主变压器 2	间隔 7	主变压器 3				
	间隔 5-8	支路 6-9	间隔 8	主变压器 4				

注　1　在单母三分段时，保护子机 2 的间隔 1 作为备用。
　　2　支路 4/5/14/15 固定接入主变压器间隔。
　　3　子机数量按照工程实际需求配置。

12.4.2　变压器保护

12.4.2.1　技术方案

[方案一]　集中式就地化主变压器保护

（1）变压器保护采用集中式设计，就地安装，由一台装置完成所有保护功能。

（2）装置采用电缆采集各侧模拟量和断路器位置等开关量，采用电缆输出各侧开关的跳合闸出口。

（3）装置接入保护专网，具备 SV、GOOSE、MMS 三网合一共口输出功能，发布 SV 报文，收发 GOOSE 和 MMS 报文。

（4）装置通过 GOOSE 发送跳母联（分段）、闭锁备投信号，接收母差失灵联跳信号及其他跳合闸命令。

集中式就地化变压器保护示意图如图12-10 所示。

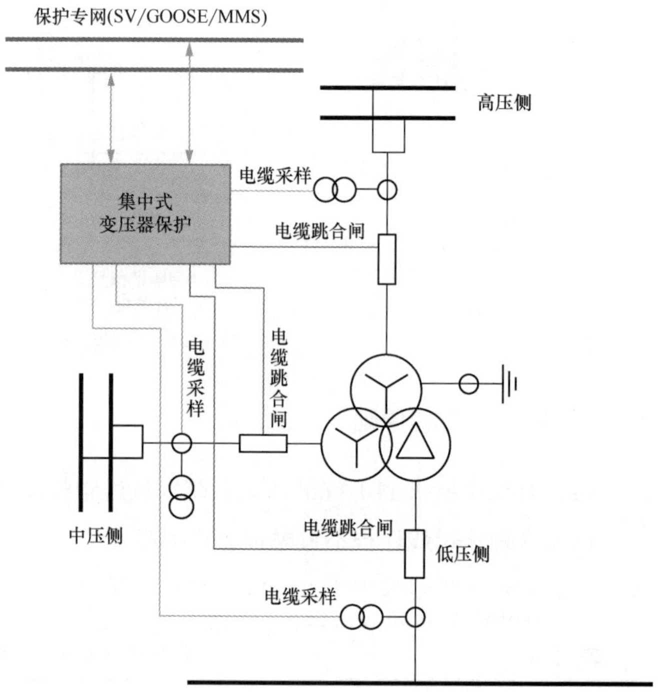

[方案二]　分布式就地化主变压器保护

（1）按间隔配置保护子机，各子机之间通过环形通信网络连接。

图 12-10　集中式就地化变压器保护示意图

（2）每个保护子机就地采集本间隔的模拟量和开关量，并发送到环网，同时接收其他间隔保护子机采集的模拟量和开关量。

（3）每个保护子机进行独立逻辑判别，并跳本间隔。

（4）所有子机均具备保护功能；所有子机可同时具备管理功能或者仅主机具备管理功能。

（5）装置接入保护专网，发布 SV 报文，收发 GOOSE、MMS 报文。SV 报文包含本装置所采集的各间隔模拟量信息，SV 报文单帧包含各间隔模拟量信息。GOOSE 发送报文包含整套变压器保护的动作信息，以及本装置所采集的开关量信息。GOOSE 接收报文为所有间隔的失灵联跳信号，其他相关保护、安自装置等跳合闸命令。

（6）双重化配置的专网网络应遵循相对独立的原则，当一个网络异常或退出时不应影响另一个网络的运行。

分布式就地化变压器保护示意图如图 12-11 所示。

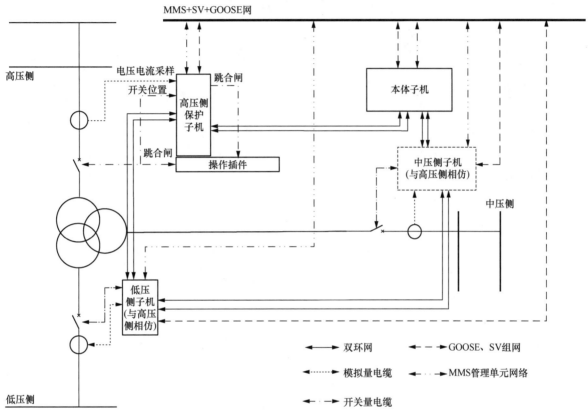

图 12-11　分布式就地化变压器保护示意图

12.4.2.2　配置原则

（1）110kV 分布式变压器保护由高压侧子机，高压桥 2 子机（可选），中压侧子机，低压 1 侧子机，低压 2 侧子机构成。

（2）就地化主变压器保护双套配置，双套均接入保护专网，双网间网络连接装置进行隔离。

12.5　备用电源自动投入装置

12.5.1　技术要求

（1）备自投装置在主供电源失电且无其他闭锁备自投动作条件时，自动投入备用电源。

（2）装置通过电缆方式采集同一电压等级的母线电压、线路（主变压器）电压、电流、桥（分段）电流，就地安装。

（3）高压侧备自投装置实现进线备自投和桥备自投功能，低压侧备自投装置实现主变压器备自投和分段备自投功能。

（4）装置如需继电保护设备的关联动作信息（如母差及失灵动作、主变压器后备保护动作）及手跳闭锁信号，宜从就地操作箱获取；若现场不具备条件，则可以通过保护专网获取。

（5）装置按照标准化设计，具有标准连接器，电缆直采、直跳。

（6）装置具备与智能管理终端通信的功能。

（7）装置的回路设计应遵循相互独立的原则，除交流回路外，应减少与其他装置之间的电气联系。

12.5.2　配置原则

（1）备自投装置按照电压等级独立配置，原则上单套配置。

（2）110kV 变电站高压侧内桥接线方式下，在高压侧母线配置就地化备自投装置，通过电缆方式同时接入两回进线电流和电压、两段母线电压、桥电流、两个进线开关位置和分合闸出口、桥开关位置和分合闸出口，实现进线备自投和桥备自投，如图 12-12 所示。

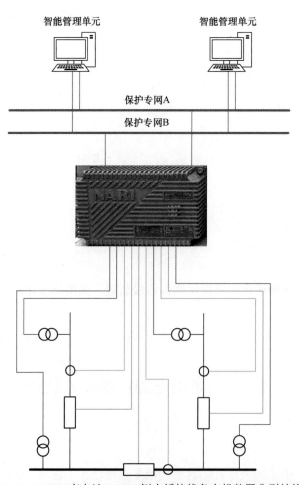

图 12-12　110kV 变电站 110kV 侧内桥接线备自投装置典型结构图

（3）110kV 变电站高压侧扩大内桥接线方式下，在高压侧母线配置就地化备自投装置，通过电缆方式同时接入两回进线电流和电压、两段母线电压、两内桥电流、两个进线开关位置和分合闸出口、两内桥开关位置和分合闸出口，实现进线备自投和桥备自投，如图 12-13 所示。

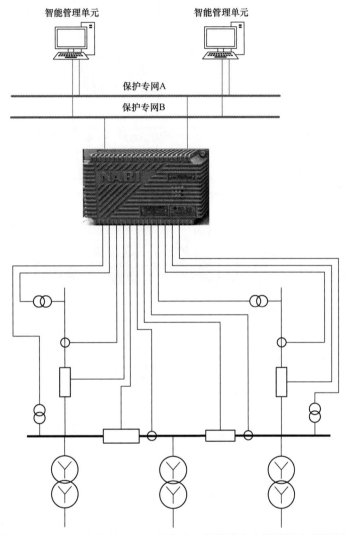

图 12-13　110kV 变电站 110kV 侧扩大内桥接线备自投装置典型结构图

（4）110kV 变电站低压侧母线配置低压侧备自投装置，采用标准化开关柜备自投装置。

12.6　智能管理单元

12.6.1　功能定位和技术原则

12.6.1.1　功能定位

就地化保护智能管理单元实现就地化保护的界面集中展示和管理，同时对 SCD 中其他信息修改可能对保护造成的影响起到隔离作用。智能管理单元的功能分成基本功能和高级功能。基本功能包括实现变电站内就地化保护的装置界面集中展示、配置管理、备份管理、保护设备状态监测、定值比对、故障信息管理、远程功能，高级功能包括继电保护系统诊断、操作校核、带负荷试验、过程层自动配置。对就地化安装的继电保护装置，必须配置智能管理单元。智能管理单元网络结构如图 12-14 所示。

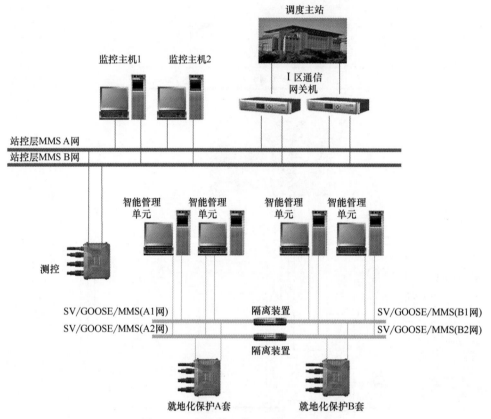

图 12-14　智能管理单元网络结构示意图

智能管理单元与保护专网连接，获取保护数据。

12.6.1.2　技术原则

（1）智能管理单元应独立部署在安全Ⅰ区。

（2）智能管理单元硬件检测标准参考自动化系统监控后台的标准。软件应采用安全的操作系统。

（3）智能管理单元应按电压等级双重化配置。

（4）智能管理单元应支持 SNTP 对时。

（5）智能管理单元应支持时间监测管理功能，管理所有保护装置的时间，并将监测结果送给监控系统。

（6）智能管理单元应能对站内各就地化保护设备进行集中界面显示，不同厂家的保护设备在智能管理单元中宜使用相同的显示界面和操作界面。

（7）智能管理单元应实现对就地化保护设备的配置管理和备份管理。

（8）智能管理单元与不同厂家的设备之间使用相同通信协议，与各厂家设备间具备良好的兼容性。

12.6.1.3　具体功能

1. 基本功能

（1）装置界面集中显示。

智能管理单元取代传统的保护液晶和按键，解决就地化保护无人机交互界面的问题，实现保护信息的集中展示和操作。

智能管理单元开机自动进入首界面。首界面为变电站主接线图，二级界面为间隔分图，在主接线图和间隔分图上都根据保护配置原则在一次设备位置叠加保护图元。支持通过保护图元进入保护管理界面。

管理单元的界面展示如图 12-15 所示。智能管理单元的展示界面按照 Q/GDW 11010 对保护菜单的要求，符合规范的一级和二级菜单，操作相应的菜单，可以对菜单内容进行相应展示和操作。末级菜单无内容时，应隐藏此菜单。

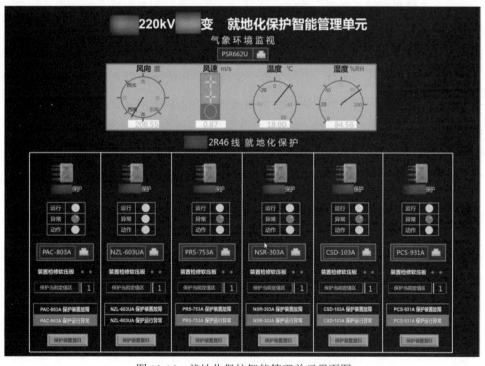

图 12-15　就地化保护智能管理单元界面图

智能管理单元界面为每个装置设置远方/就地的软压板，该软压板只能在智能管理单元上该装置界面操作。当该软压板状态为"就地"时不允许远方操作。该软压板在管理单元自身模型中体现。

在智能管理单元上元件保护任一子机界面上操作投退软压板、修改定值、切换定值区、投退远方/就地软压板，智能管理单元自动同步操作该元件保护所有子机。

智能管理单元在打开母线保护定值相关界面时，读取该保护设备参数定值中的**控制字，将未投入的间隔相关定值置为无效（灰色），将其值置为默认值，并且不允许对这些定值进行整定。

智能管理单元与不同厂家的保护装置之间使用相同通信协议，与各厂家保护装置间具备良好的兼容性，对各厂家保护装置采用统一的显示和操作界面。

主界面应具备智能管理单元信息按钮，点击该按钮可进入显示智能管理单元自身信息的界面。

（2）配置管理。

智能管理单元对就地化保护的模型进行管理，形成保护的 SCD 文件，且继电保护 SCD 中应包含智能管理单元自身模型，并提供保护的 SCD 给监控后台及其他站控层设备使用。智能管理单元成为保护 SCD 文件的唯一管理接口，应具备 SCD 文件一致性检查功能；支持通过 CRC 机制等校验 SCD 文件与 IED 装置配置文件的一致性；应能通过 IED 装置过程层虚端子配置 CRC 与全站 SCD 相应 CRC 进行在线比对实现 SCD 变更提示，并界定 SCD 变更产生的影响范围，影响范围应能定位到 IED 装置。智能管理单元应起到隔离作用，避免其他设备的模型变化和站控层信息变化对保护功能的影响。

（3）备份管理。

智能管理单元支持对就地化保护的备份区管理、一键式备份和一键式下装操作，且一键式备份和下装不需投入检修压板。

为保证就地化保护设备的方便简单的更换，在就地化保护安装完成后须对保护设备相关的参数进行备份。备份文件包括：CID、CCD、工程参数、定值等。智能管理单元发送启动备份命令，装置应答后启动备份，将需备份的所有内容形成一个数据文件后，上送备份文件生成报告，智能管理单元以 MMS 文件服务召唤备份数据文件。数据文件召唤路径为/configuration/backup.pkg，其中的时标为备份文件的生成时间。备份完成状态智能管理单元具有报告提示。

设备维护或整体更换时，从智能管理单元中获取装置的备份文件，一键式下装到装置。重启装置，装置就可以正常工作。一键式下装采用 MMS 文件服务，路径同一键式备份路径。装置应能对下装的配置文件正确性进行校核。校核正确后装置自动重启使配置生效。下装备份解析成功状态、下装备份解析失败状态智能管理单元应有报告提示。智能管理单元应具备对下装异常情况的处理能力。

（4）保护设备状态监测。

智能管理单元可以根据就地化保护设备的上送告警信息、监测信息等信息对装置的运行状态进行评估，并可根据监测信息的统计变化趋势进行故障预警。同时智能管理单元可以收集保护设备的温度、电源电压、光口强度等信息，并能够以图形形式展示出来，并能对相应数据进行分析告警。

智能管理单元实时监视元件保护各子机的定值、压板状态、开入状态和动作事件的一致性，如有不一致则进行告警。通信中断的子机不参与一致性比对。

（5）定值比对。

智能管理单元具备自动召唤定值并和上次召唤时保存的定值进行自动比对功能，当发现定值不一致时，在本地给出相应提示，向站控层设备发送定值变化告警信号，并将新定值保存在数据库中作为下次比对的基础。自动召唤和比对的时间间隔可设置。支持人工启动定值比对功能。智能管理单元定值比对不一致时的差异信息保存在数据库中并支持查询。

（6）故障信息管理。

智能管理单元能对所接入保护装置的故障录波文件列表及故障录波文件进行召唤。在保护装置支持的情况下，能召唤中间节点文件，能主动召唤有保护出口标识的录波。所有故障录波文件以COMTRADE 格式传送及存储。

智能管理单元能对故障录波文件进行波形分析。能以多种颜色显示各个通道的波形、名称、有效值、瞬时值、开关量状态。能对单个或全部通道的波形进行放大缩小操作，能对波形进行标注，能局部或全部打印波形，能自定义显示的通道个数，能显示双游标，能正确显示变频分段录波文件，能进行向量、谐波以及阻抗分析。

智能管理单元能自动收集厂站内一次故障的相关信息，整合为故障报告。内容包括一、二次设备名称、故障时间、故障序号、故障区域、故障相别、录波文件名称等。

（7）远程功能。远程功能是与远方主站协同完成的功能，包括主动上送、信息召唤、远方操作。

1）主动上送：保护事件、告警、开关量变化、通信状态变化、定值区变化、定值不一致、配置不一致等突发信息应主动上送给站控层设备；故障录波文件（包括中间节点文件）应主动发送提示信息给站控层设备，并在站控层设备召唤时上送文件；智能管理单元应能够同时向多个站控层设备传送信息。支持按照不同站控层设备定制信息的要求发送不同信息。智能管理单元发送信息给Ⅰ区网关机时，需自动整合元件保护多子机的信息。

2）信息召唤：智能管理单元支持站控层设备召唤模拟量数据、定值数据、历史数据及其他文件。

3）远方操作：远方操作的范围包括投退保护功能软压板、召唤保护装置定值和切换保护装置定值区。当智能管理单元上为保护设置的远方/就地软压板处于"远方"状态时，智能管理单元支持调度端通过数据通信网关机对保护进行远方操作，同时禁止在管理单元操作投退软压板、修改定值和切换定值区。对元件保护进行远方操作的命令，由智能管理单元自动转发到所有通信正常的子机，所有子机均操作成功才为操作成功，有任何一个子机操作失败则总的结果为操作失败。

2.　高级功能

（1）继电保护系统诊断。

智能管理单元根据装置的硬件级告警信息、监测信息及其他巡检信息对装置硬件的运行状态进行评估，并可根据监测信息的统计变化趋势进行故障预警。

智能管理单元具备装置温度、电源电压、过程层端口发送/接收光强和光纤纵联通道光强的越限告警和历史数据查询功能，并以图形形式展示，预警值根据现场进行设置。装置上送的温度、电源电压、过程层端口发送/接收光强和光纤纵联通道光强、差流等状态监测信息的时间间隔可设置。具备装置差流的越限告警和历史数据查询功能，并以图形形式展示，预警值根据现场进行设置。

智能管理单元宜根据现场一次设备同源多数据进行比对实现保护采样数据正确性的判断。

智能管理单元应能依据保护输出的中间节点信息，结合站内其他信息，对保护隐性故障进行诊断分析。

（2）操作校核功能。

通过智能管理单元进行修改定值、切换定值区、投退软压板、一键式备份、一键式下装等控制类操作时，智能管理单元应具备防止误操作的装置身份校核和双机并行功能。

进行控制类操作的人员应持有电子口令卡，电子口令卡为文本文件，内含要操作设备的身份识别代码。智能管理单元在与任一保护装置建立连接打开装置界面后，立即召唤该装置的身份识别代码并保存。智能管理单元在操作人员在设备界面中选择控制类操作时，自动将系统保存的该设备身份识别代码与电子口令卡中的身份识别代码核对，如一致方允许继续操作，否则立即告警并禁止操作。

双套智能管理单元均可连接装置进行界面展示。当一台智能管理单元正在进行任一控制类操作时，装置应积极拒绝另一台智能管理单元的操作。

管理单元同步整定子机定值时，如果部分子机的定值未整定成功，不一致而导致的闭锁信号应该由装置实现。在定值修改切换过程中保护装置需要短暂闭锁，在定值下装过程中保护自动闭锁，不能由智能管理单元进行控制。定值修改切换过程中，环网中任意一个子机不一致宜闭锁整套保护，并在环网保护专网中通过传输 CRC 进行验证，待所有子机一致之后开放闭锁。

（3）带负荷试验。

智能管理单元应能对带负荷试验提供支持。对线路保护，应能显示线路间隔的三相电压、电流的幅值、相位，以功角关系法原理图形式显示。对母线保护，应能显示母线各间隔的三相电压、电流的幅值、相位，以功角关系法原理图形式显示。对变压器保护，应能显示主变压器各侧的三相电压、电流的幅值、相位，以功角关系法原理图形式显示。

（4）过程层自动配置。

智能管理单元集成的系统配置工具，应能依据预设的规则，自动生成过程层虚端子的连接关系，实现过程层自动配置功能，如图 12-16 所示。

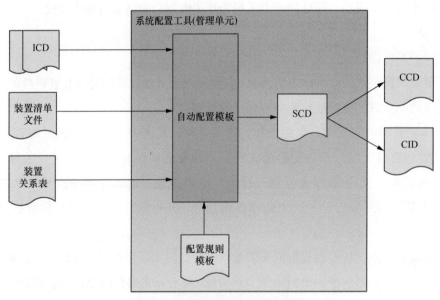

图 12-16　过程层自动配置流程图

12.7 智 能 录 波 器

110kV 变电站配置 1 台智能录波器管理单元，采集单元按保护元件和电压等级配置。110kV 电压等级（含母线、线路、母联、分段、旁路）、主变压器应分别设置独立的采集单元。主变压器部分宜按每三台（组）变压器设置一台采集单元。主变压器按双重化保护配置双套采集单元，主变压器录波采集单元同时接入主变压器各侧录波通道。保护专网交换机根据相应的信号分配划分 VLAN。SV 数据集中双 AD 通道都配置为录波通道。

110kV 变电站智能录波器管理单元配置图如图 12-17 所示。采集单元 1 接入 A 套主变压器保护的 SV/GOOSE 信息；采集单元 2 接入 110kV 母线保护和线路/母联保护的 SV/GOOSE 信息；采集单元 3 接入 B 套主变压器保护的 SV/GOOSE 信息。

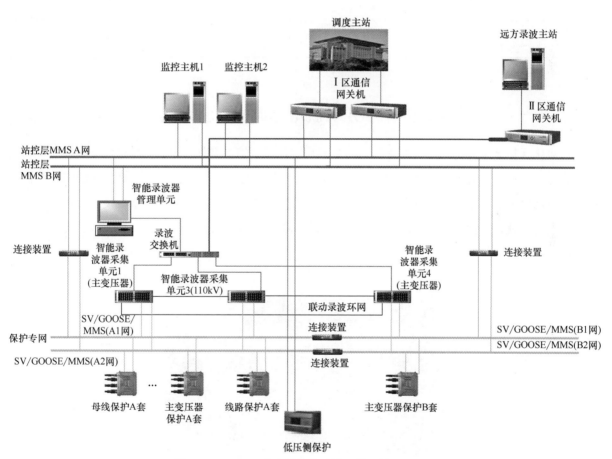

图 12-17　110kV 变电站智能录波器管理单元配置图

【例 1】　典型 110kV 变电站按 3 台主变压器、母线采用双母双分段接线、110kV 出线 3 回计算，需要 3 台录波采集单元；配置如表 12-5 所示。

表 12-5 例 1 智能录波器管理单元配置表

采集单元	接入 SV 数据集数量	接入 GOOSE 数据集数量	模拟量 通道数	开关量 通道数	备注
A 套主变压器录波	3	3	228	216	
B 套主变压器录波	3	3	228	216	
110kV 侧录波	10	10	102	204	参照传统录波配置，线路间隔电压通道不录波

注　如果需要对 110kV 侧线路保护电压通道进行录波，110kV 侧录波模拟量通道有 150 路，使用 1 台采集单元即可。

【例 2】　对于无母线保护的 110kV 变电站，按 3 台主变压器计算，需要 2 台录波采集单元；配置如表 12-6 所示。

表 12-6 例 2 智能录波器管理单元配置表

采集单元	接入 SV 数据集数量	接入 GOOSE 数据集数量	模拟量 通道数	开关量 通道数	备注
A 套主变压器录波	3	3	228	216	
B 套主变压器录波	3	3	228	216	

12.8　110kV 就地化保护安装方式

就地化保护装置与电气一次设备之间的枢纽环节是端子箱或者保护桩，就地化保护设备的可选安装方式与是否独立于端子箱或者保护桩有关。按照保护装置与端子箱或就地保护桩之间的相对位置关系，就地化保护装置可以分为专用支架安装、端子箱内半防护安装、端子箱侧壁安装、外置式就地保护桩、内置式就地保护桩等方式，如图 12-18 所示。项目应通过综合评估不同安装方式的优缺点，确定适用于工程实际的安装方式。

图 12-18　支架安装方式

支架安装：7 个极端条件地区挂网试点站，可采用"端子箱+支架"安装方式，根据情况支架可采用两层或三层阶梯支架，背靠背安装。

　　端子箱侧壁安装（见图 12-19）：就地端子箱两侧侧壁挂装，主变压器保护单侧可挂两台，母差保护、线路保护单侧挂一台；双重化保护单侧单套配置时，正视柜体，柜体左侧挂第一套，柜体右侧挂第二套。

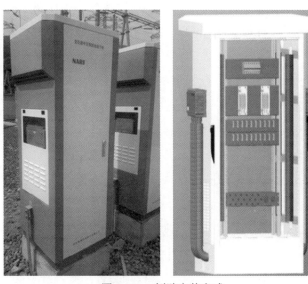

图 12-19　侧壁安装方式

　　端子箱箱内安装（见图 12-20）：箱内屏面直接挂装就地化装置，装置下方采用面板开孔，使用软装预制线缆穿过，整体设备屏面布置。

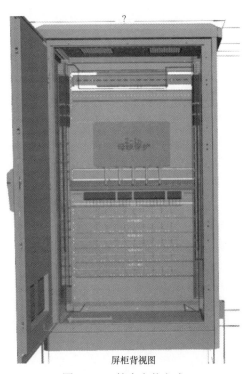

屏柜背视图

图 12-20　箱内安装方式

外置式就地保护桩（见图 12-21）：就地化装置直接外置悬挂于机柜。机柜对于就地化装置及功能使用采用前后布置，分区明确，机柜前上部分装配就地化装置，通过上下预留空间，满足现场更换式检修，盖板上方设置抽屉式盒盖方便可能存在的更换预制缆需求；前下部分敷设预制线缆，线缆过中间孔（带防水处理）进入后半部分；后上部分为操作箱和压板区域，后下部分为端子排区域；机柜顶部为遮阳顶盖，底部为进线底座。

内置式就地保护桩：就地化装置设置外门防护，与柜体前部线缆防护门一体，带玻璃观察窗，配合机器人现场巡检需求；侧边设置通风孔，此柜式更方便恶劣天气条件下装置的运维。机柜前后分区明确，机柜前上部分装配就地化装置，前下部分敷设预制线缆，线缆过中间孔进入后半部分；后上部分为操作箱和压板区域，后下部分为端子排区域；机柜顶部为遮阳顶盖，底部为进线底座。

图 12-21　外置式就地保护桩

对于分布式的元件保护，各保护子机可以分散部署（子机部署到对应侧）或者集中部署（集中布置一次场内固定区域）。对于无主式保护，将采用分散部署方式；对于集中式主变压器，按照主变压器双重化配置原则，配置两台就地化集中式主变压器保护装置，独立对于母差保护，将采用集中部署方式。

13 220kV 就地化保护整体方案

本章介绍了 220kV 变电站就地化保护的技术方案，具体讲述了各类保护、安全自动装置以及智能管理单元的技术要求、配置原则和安装方式，并对各方案的优缺点进行了比较分析。

13.1 220kV 变电站就地化保护的总体架构

根据《国调中心关于印发 110kV、220kV 就地化保护技术方案专家审查会纪要的通知》（调继〔2017〕132 号）的要求，220kV 变电站就地化保护中，220kV 保护装置、管理单元、录波器、保护专网和站控层网络等采用双重化配置［220kV 母联（分段）双重化配置］，110kV 及以下的母线、线路保护采用单套配置。双套保护装置分别接入保护专网 A（A1、A2）、B（B1、B2），单套保护装置接入保护专网 A。保护专网负责传输 SV、GOOSE 和 MMS 报文，保护专网 A/B 之间采用过程层网络连接装置跨接，作为二者的桥梁。智能管理单元对下接入保护专网，对上接入站控层网络。35（10）kV 采用开关柜继电保护装置，对上接入站控层网络。220kV 变电站就地化保护总体架构示意图如图 13-1 所示。

13.1.1 220kV 变电站就地化保护整站设备

以 220-A1-1 为例，建设规模：220kV 出线本期 4 回，远期 6 回；110kV 出线本期 4 回，远期 10 回；主变压器本期 2 台，远期 3 台。设备清单按照远期规模进行配置，220kV 线路及就地化操作箱双重化配置，1 个间隔 1 面柜；110kV 线路保护及就地化操作箱单套配置，每个间隔组 1 面柜；220kV 母线保护双重化配置，每套保护需 2 台子机，A、B 套组 1 面柜，共组 2 面柜；110kV 母线保护单套配置，每套保护需 3 台子机，组 2 面柜；主变压器 220kV 侧就地化保护子机及就地化操作箱双套配置，组 1 面柜，主变压器中低压侧就地化保护子机双套配置，就地化操作箱单套配置，各组 1 面柜；主变压器就地化保护组屏也可采用高中低三侧集中组屏方案，A、B 套各组 1 面柜。设备清单详如表 13-1 所示。

13.1.2 220kV 变电站就地化保护电气总平面布置

智能管理单元组柜安装于主控室，各保护子机在其就地化保护端子箱侧壁外挂安装（主变压器低压侧子机安装在主变压器低压侧仪控柜内）。

13.1.3 220kV 智能站 TV 接入能力分析

为保证电压互感器的准确级，电压互感器的二次负载必须在二次绕组额定容量的 25%～100% 范围内。由于目前广泛采用微机保护、微机监控及电子式多功能电能表，电压互感器的二次负载较小。

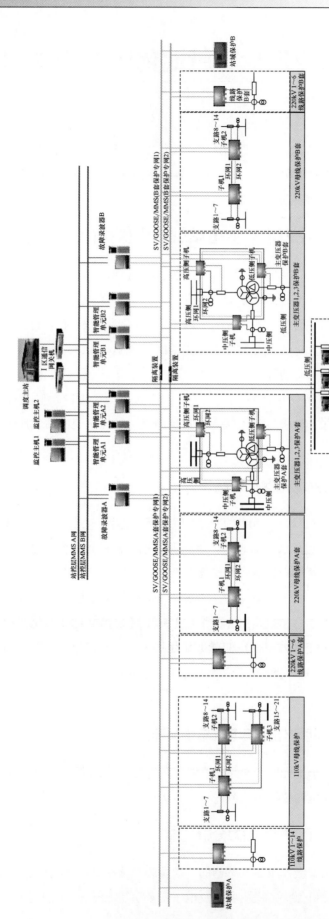

图 13-1 220kV 变电站就地化保护总体架构示意图

表 13-1 　　　　　　　　　　　　　　　220kV 变电站就地化保护整站设备清单

220-A1-1 方案设备清单

组件名称	设备名称	单位	数量	说明
管理单元	智能管理单元	台	4	
	保护管理软件	套	1	
	折叠液晶显示器	套	2	
	交换机	台	4	MMS/GOOSE/SV 三网合一
	屏柜及附件	面	2	安装在主控室
220kV 线路	就地化 220kV 线路保护 A	台	6	每间隔 2 台线路保护在就地化保护端子箱侧壁安装
	就地化 220kV 线路保护 B	台	6	
	就地化 220kV 线路操作箱 A（含电压切换）	台	6	
	就地化 220kV 线路操作箱 B（含电压切换）	台	6	
	就地化 220kV 线路保护端子箱	套	6	
	预制 220kV 电缆	根	36	
	预制 220kV 光缆	根	12	
110kV 线路	就地化 110kV 线路保护	台	10	每间隔线路保护在就地化保护端子箱侧壁安装
	就地化 110kV 线路操作箱	台	10	
	就地化 110kV 线路保护端子箱	套	10	
	预制 110kV 电缆	根	20	
	预制 110kV 光缆	根	10	
220kV 母线	就地化 220kV 母差保护 A 子单元 1	台	1	母线保护子单元按 A、B 套之分，在就地化保护端子箱侧壁安装
	就地化 220kV 母差保护 A 子单元 2	台	1	
	就地化 220kV 母差保护 B 子单元 1	台	1	
	就地化 220kV 母差保护 B 子单元 2	台	1	
	就地化 220kV 母差保护端子箱	套	2	
	预制电缆	根	16	
	预制光缆	根	4	
220kV 电压并列	电压并列装置	台	1	
	保护端子箱	套	1	
110kV 母线	就地化 110kV 母差保护单元	台	3	母线保护子单元，在就地化保护端子箱侧壁安装
	就地化 110kV 母差保护端子箱	套	2	
	预制电缆	根	12	
	预制光缆	根	3	
110kV 电压并列	电压并列装置	台	2	
	保护端子箱	套	2	
主变压器（3 台主变压器）	就地化主变压器保护 220kV 侧子单元 A	台	3	主变压器各侧子单元，分别在对应电压等级就地化保护端子箱柜侧壁安装；10kV 侧子单元宜安装在开关柜仪控室
	就地化主变压器保护 220kV 侧子单元 B	台	3	
	就地化主变压器 220kV 侧操作箱 A（含电压切换）	台	3	
	就地化主变压器 220kV 侧操作箱 B（含电压切换）	台	3	
	就地化主变压器保护 110kV 侧子单元 A	台	3	
	就地化主变压器保护 110kV 侧子单元 B	台	3	
	就地化主变压器 110kV 侧操作箱	台	3	
	就地化主变压器保护 10kV 侧子单元 A	台	3	
	就地化主变压器保护 10kV 侧子单元 B	台	3	
	就地化主变压器 10kV 侧操作箱	台	3	
	就地化主变压器保护端子箱	套	6	
	主变压器本体保护	套	3	
	主变压器本体保护户外柜	套	3	
	预制电缆	根	54	
	预制光缆	根	18	
	其他附件（网线、尾纤）	套	1	

为使电压互感器二次绕组容量与二次负载相匹配，现对各电压等级常规建设规模常用主接线电压互感器的二次负载进行统计，从而确定电压互感器各二次绕组在额定容量下所带负荷支路数。目前，由于智能站 TV 仅接入母线合并单元，容量选取一般为 10VA（比较小，常规变电站一般选取 30VA、50VA 或者更大），单台装置电压接点容量为 0.5VA，因此若在智能站上改造就地化保护，则可能存在 TV 容量不足，不能带动就地化装置的情况。本章以 220kV 变电站为例进行分析。

13.1.3.1　220kV 变电站 220kV 母线

如表 13-2 所示，按 10 条就地化保护装置改造，主变压器单套（两台主变压器）接入，母差按两台子机配置，测控可采用原有自动化系统设备，通过合并单元获取 TV 电压，若全站综合自动化改造取消合并单元，增加两台母线测控装置，对负荷与额定容量比亦影响不大，满足负载必须在二次绕组额定容量的 25%～100% 范围内的要求，考虑到冗余暂按 25%～90% 容量配置。

表 13-2　　　　　　　　　220kV 变电站 220kV 母线 TV 负荷（双母双分）

名称	容量（VA）	数量	合计	二次绕组额定容量（VA）	二次负荷与额定容量比
合并单元	0.5	2	1		
线路就地化保护装置	0.5	9	4.5		
分段就地化保护装置	0.5	3	1.5	10	90%
母线就地化子机	0.5	2	1		
主变压器就地化主机	0.5	2	1		
总计			9.0		

13.1.3.2　220kV 变电站 110kV 母线

如表 13-3 所示，按 8 条就地化保护装置改造，主变压器单套接入（3 台主变压器），母差按两台子机配置，测控可采用原有自动化系统设备，通过合并单元获取 TV 电压，若全站综合自动化改造取消合并单元，增加两台母线测控装置，对负荷与额定容量比亦影响不大，满足负载必须在二次绕组额定容量的 25%～100% 范围内的要求，考虑到冗余暂按 25%～90% 容量配置。

表 13-3　　　　　　　　　220kV 变电站 110kV 母线 TV 负荷（单母三分段）

名称	容量（VA）	数量	合计	二次绕组额定容量（VA）	二次负荷与额定容量比
合并单元	0.5	2	1		
线路就地化保护装置	0.5	8	4		
分段就地化保护装置	0.5	2	1	10	0.9
母线就地化子机	0.5	3	1.5		
主变压器就地化主机	0.5	3	1.5		
总计			9		

由于 220kV 变电站 110kV 部分出线往往超过 10 条，因此对于这种主接线的变电站就地化保护改造可能会出线 TV 容量不够的情况，需要对 TV 进行更换。

13.1.4 光端子及光配使用方案及优劣势分析

就地化保护装置间通信全部采用光纤模式，而装置通过预制光缆出来的光纤的去向往往不是一个方向，因此要对装置光纤出线进行合理有效地分配，才能使进出端子箱的光缆在有限的空间内井然有序。目前装置进入端子箱分配光口的模式有两种，一种采用光端子转接的方式，另一种通过免熔接光纤配线架的方式。

单端航插分纤引出光口，光端子转接方式，预制光缆单端航插进入端子箱后分纤出 LC（或 ST）型光纤接头接上光端子，通过光纤跳线接入光纤配线架（见图 13-2），若端子箱内不需要千兆光纤环网跳接，可取消光端子，装置预制光缆分纤光口直接接入光纤配线架（见图 13-3）。

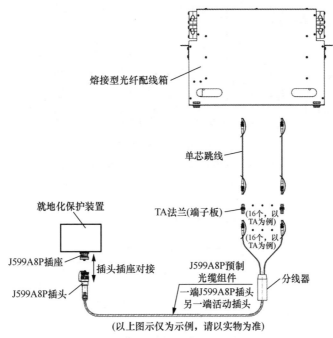

图 13-2　光端子通过光纤跳线接入光纤配线架

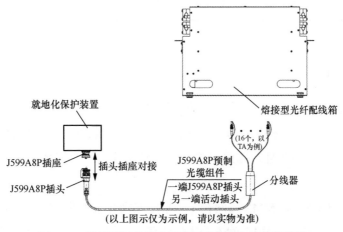

图 13-3　装置预制光缆分纤光口直接接入光纤配线架

双端航插免熔接光配引出光口，预制光缆双端端航插，光缆进入端子箱后通过航插接入免熔接光配，按顺序分配出光口，子机间环网连接可通过短跳纤在免熔接光配上跳接，去往主控室或其他子机方向的光纤可通过光纤跳线接入光纤配线架（见图13-4）。

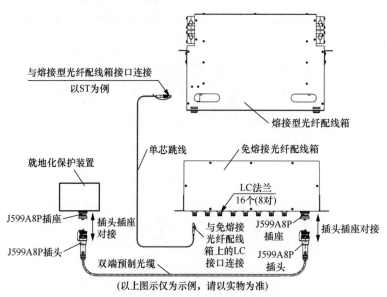

图 13-4　双端航插免熔接光配引出光口方案

以下对两种方案进行对比分析，如表 13-4 所示。

表 13-4　　　　　　　　　　　两种方案优劣势分析

方案 特点	光端子转接	免熔接光配转接
优势	成本低，链路简单易检测	美观大方，安装方便，防护等级高，不宜折损，更换方便，接线不宜出错
劣势	安装过程中分纤易损坏，一旦在用芯损坏，整条光缆报废，分纤耐温差，低温下易折损，另分纤后柜内不宜走线	成本高（价格接近两倍单端航插方式），柜体进线开孔大，防水处理要求高，若进线加装 U 型弯管情况下，航插不宜进入柜内

13.1.5　全站保护专网

为保证保护的独立性和可靠性，设置全站保护装置专网。全站线路保护、变压器保护、母线保护等就地化保护通过保护专网实现相互之间的信息交互，同时通过按电压等级双重化配置的智能管理单元，对保护装置信息进行集中管理，完成保护与变电站监控之间的信息交互，实现保护功能与全站 SCD 文件解耦。

保护专网为 SV、GOOSE 和 MMS 三网合一，采用双网冗余架构。就地化保护装置，包括元件保护的每个子机均接入保护专网。保护专网不分电压等级，全站统一组网。对于 10～35kV 保护测控一体装置，直接接入站控层 MMS 网，不接入保护专网。

13.1.6　双重化的保护专网间信息交互方案

13.1.6.1　双重化的保护专网间需要交互的信息

（1）单套配置的保护与双重化配置的保护之间需要交互的信息。单套配置的 110kV 母差保护、110kV 母联（分段）保护、备自投等装置接入 A 套保护专网，需要与 B 套变压器保护交互启动失灵、解除复压闭锁、失灵联跳、闭锁备自投等信息。

（2）双重化的两套保护之间需要交互的信息。采用三重方式的线路保护，两套保护之间需要相互闭锁和启动重合闸。结论：双重化的 AB 两个过程层网络间交互信息是必然的。

13.1.6.2　双重化的保护间信息交互要求

Q/GDW 441—2010《智能变电站继电保护技术规范》中 4.4 条：220kV 及以上电压等级继电保护系统应遵循双重化配置原则，每套保护系统装置功能独立完备、安全可靠。双重化配置的两个过程层网络应遵循完全独立的原则。

基本原则：任何保护设备禁止跨 AB 网。

13.1.6.3　双重化的保护间信息交互现状

保护严格执行双重化配置的保护不跨接两个过程层网络，但实际上双重化配置的过程层网络已经被单套配置的测控装置跨网了，并且跨网的测控装置数量很多，但是运行中没有暴露出任何问题。最主要的原因是测控也严格执行了 Q/GDW 441 规定的"继电保护装置接入不同网络时，应采用相互独立的数据接口控制器"。但现状是双重化的保护过程层网络被测控跨双网（保护和测控共用过程层网络）。

13.1.6.4　双重化的保护专网间信息交互方案

两种思路：①双重化的过程层物理上完全隔离（硬接点方式）；②双重化的过程层通过专用隔离装置，网络物理上连接在一起，逻辑上可靠隔离（基于流量管控的网络隔离方案）。

（1）采用硬接点方案。

遵循双重化的保护专网完全独立的原则，采用硬接点方式实现两个网络之间保护的信息交互。例如：B 套主变压器保护动作后，将跳闸硬接点接入备自投装置（接入 A 套保护专网）的闭锁备自投开入。

存在的最大问题：就地化装置采用标准航插，定义全部固定，不具备工程扩展性。当远期出现新的跨网需求时，就地化保护是无法解决的。例如：单套独立配置的稳控执行站、失步解列等，动作后闭锁备自投、闭锁重合闸等如何考虑？

（2）基于流量管控的网络隔离装置方案。

如图 13-5 所示，通过网络隔离装置实现双重化配置的保护专网之间必要的信息交互。网络隔离装置和保护专网交换机共四个端口（图中方框）均采用流量、报文类型管控；对订阅的报文进行流量控制，为每路订阅的报文分配最大传输带宽，将异常流量限制在最大传输带宽内；对于非订阅的报文进行丢弃处理。可保证两个网络之间只传输必要的连闭锁信息，当流量管控的交换机或网络隔离装置中任一设备异常或故障时，仍能保证一个网络异常或退出时不应影响另一个网络的可靠运行。

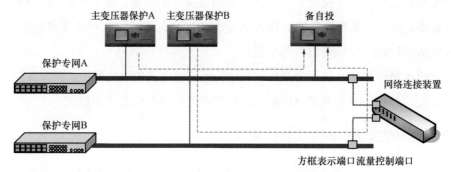

图 13-5 基于流量管控的网络隔离装置方案

13.2 线路保护方案

13.2.1 技术要求

（1）每套线路保护均具有完整的主后备保护功能，双重化配置的两套保护之间应相互独立。

（2）线路保护采用标准连接器进行电缆直接采样，采集本间隔电流互感器的二次电流及本间隔三相电压、同期电压。

（3）线路保护采用标准连接器电缆直接跳闸，通过标准连接器向保护专网发送本装置的跳闸信号及其他状态信号，例如：启动失灵、闭锁重合闸、远方跳闸。

（4）线路保护采用标准连接器接入必要的开入量信息，例如：断路器位置；通过标准连接器从保护专网获取其他保护或控制设备的相关信号，例如：闭锁重合闸、远方跳闸。

（5）线路保护具备 SV、GOOSE 和 MMS 共口输出功能，通过标准连接器向保护专网发布，可供站域保护和智能录波器等其他设备使用。

（6）220kV 线路保护纵联通道采用两个不同路由的通道，110kV 线路保护纵联通道采用单通道，通过标准连接器完成通信。

（7）线路保护具备送出 4kHz 采样率 SV 数据的能力；应能够实现采样同步功能，在外部同步信号消失后，至少能在 10min 内继续满足 4µs 同步精度要求；输出协议采用 IEC 61850-9-2；在电源中断、电压异常、采集单元异常、通信中断、通信异常、装置内部异常等情况下不误输出。

13.2.2 配置原则

（1）每回 220kV 线路按间隔双重化配置完整的、独立的能反映各种类型故障、具有选相功能的全线速动线路保护。

（2）线路保护应完成站域、智能录波器等其他保护和控制设备对本间隔数据的获取及对本间隔设备的控制。

（3）线路保护优先采用无防护安装方式，对于极寒等恶劣运行环境可安装于就地控制柜内。

（4）每回 220kV 线路按间隔配置两套操作继电器组，完成对本间隔断路器的跳合闸控制功能，安装于本间隔就地控制柜中。

（5）线路保护对外接口采用标准电连接器和光连接器，采用单端预制方式。

（6）线路保护跳合闸出口硬压板设置在本间隔就地控制柜内。

（7）双重化配置的保护专网应遵循相互独立的原则，当一个网络异常或退出时不应影响另一个网络的运行。

图 13-6 为 110kV 及 220kV 线路间隔实施方案示意图。

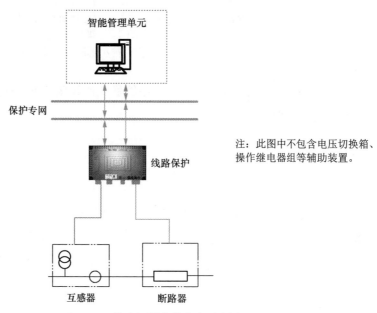

注：此图中不包含电压切换箱、操作继电器组等辅助装置。

图 13-6　110kV 及 220kV 线路间隔实施方案示意图

13.3　元件保护方案

元件保护各子机之间须依靠通信网络交互数据。传统的星形网络因中心节点的存在而必须是有主机模式，主机需配置众多光口与子机连接，不利于实现就地化，且任一通信链路异常都会使保护功能退出。采用双向双环网络，冗余设计保证了网络通信的可靠性，各子机启动 CPU 和保护 CPU 均能实现采集、传输、运算处理的物理独立性，提高了保护的可靠性。分布式就地化主变压器保护和积木式就地化母线保护均基于双向双环网络设计。

13.3.1　环网通信

就地化元件保护各子机的网络通信方案，首先考虑的是沿用智能变电站的传统做法，采用星形网络接线、点对点传输，利用 IEC 61850 标准规约传输采样值和开关量，如图 13-7 所示。星形网络下元件保护必须采用有主模式，主机接收处理所有子机的 SV 和 GOOSE 数据，主机光口多，装置功耗大，难以实现就地化，而且星形网络任一链路异常，都会影响整套保护可靠性。

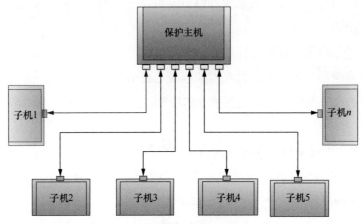

图 13-7 元件保护星形网络拓扑结构

为了拓宽元件保护的方案选择，提高网络的稳定性和保护可靠性，在就地化元件保护中，提出元件保护的环网通信方案。

13.3.1.1 方案简介

[方案一] 双向环单环网络

元件保护环形网络由双连接节点组成，节点与节点之间通过以太网顺序首尾相连形成双向冗余环。环内各节点为对等关系，负责环内报文的转发、过滤以及本子机信息的广播发送。环网采用 1000BASE-X 光纤以太网，全双工强制发送模式。元件保护环型网络的拓扑结构如图 13-8 所示。

（1）传输方式：

1）源设备将包含自身环网标记的多播报文，通过两个并行操作的端口，分别以"A 帧""B 帧"的方式发出。源设备不转发环网中由自身发出的报文。

2）环网中目标设备两个端口接收到包含环网标记的多播报文，并将报文进行转发，同时将先收到报文中的环网标记删除后传输至应用层。

（2）传输内容：元件保护环网内传输的内容包括采样值、开关量、自检信息和定值校验码。

1）采样值：元件保护各子机采用双 AD 采样。

2）开关量：各子机采集本子机的开关量。

3）自检信息：各子机运算处理的自检信息。

（3）报文帧格式：环网报文帧在以太网标准报文 802.3q 的基础上，在源 MAC 字段后增加 6 字节环网特征字段，形成环网通信的基础帧格式。应用协议帧 APDU 遵循 IEC 61850 标准格式。模拟量采样值采用 9-2 的 SV 报文格式，开关量和自检信息采用 8-1 的 GOOSE 报文格式。

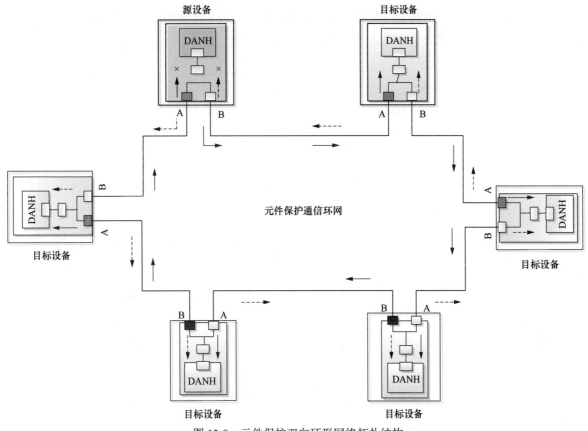

图 13-8　元件保护双向环形网络拓扑结构

（4）网络监视：使用环网的监视帧（Supervision Frame）来监测链路节点存活状态。环网内所有节点每隔 2s 发送一个监视帧。网络监视节点通过接收的监视帧，动态维护一个带有网内其他节点通信状态的节点表。通过逻辑计算，判断环网设备节点通信状态和网络故障点位置。

（5）延时计算：引入报文延时修正域（FTCF）的概念，由报文本身携带其延时时间。利用延时修正域传输报文延时，每经过一个节点修正一次，直到所有节点传输结束，再利用该延时进行修正处理，如图 13-9 所示。节点 1 到节点 2 的总延时包括报文在节点 1 的驻留时间，加上报文在节点 1、2 间的传输的链路延时。

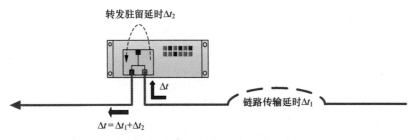

图 13-9　报文延时修正域维护示意图

[方案二]　双向双环网络

元件保护环网采用双向双环网络，各子机的启动 CPU 和保护 CPU 分别接入一个双向冗余环网。

使启动 CPU 和保护 CPU 在模拟量（开关量）的采集、传输、运算处理都能做到物理独立，从而保证除出口继电器外，任一元器件损坏保护不误动。网络拓扑结构如图 13-10 所示。

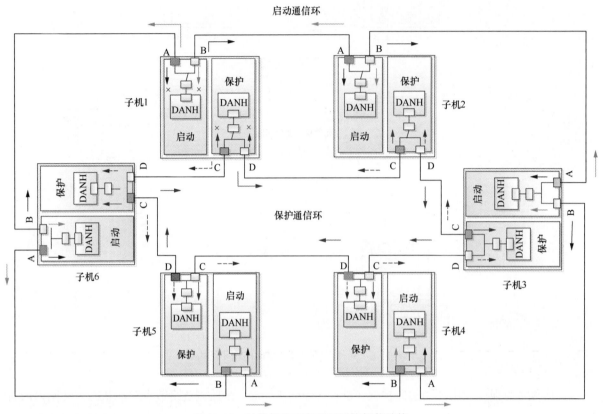

图 13-10　元件保护双向双环网络拓扑结构

启动通信环和保护通信环为物理独立的双向冗余环，具有零时间恢复特性。环网报文格式由标准以太网报文增加环网特征字段组成。环网报文带有报文传输延时修正域（FTCF），具有传输延时修正的能力。

（1）传输方式：

1）源设备将包含自身环网标记的多播报文，通过两个并行操作的端口，分别以"A 帧""B 帧"的方式发出。源设备不转发环网中由自身发出的报文。

2）环网中目标设备两个端口接收到包含环网标记的多播报文，并将报文进行转发，同时将先收到报文中的环网标记删除后传输至应用层。

（2）传输内容：元件保护环网内传输的内容包括采样值、开关量、自检信息和定值校验码。

1）采样值：元件保护各子机采用双 AD 采样，启动环和保护环各传输一路 AD。从而使启动 CPU 和保护 CPU 在模拟量的采集、传输和运算处理都能做到物理独立。

2）开关量：各子机采集本子机的开关量，分别在启动环和保护环中传输。

3）自检信息：各子机保护 CPU 和启动 CPU 将各自运算处理的自检信息，分别在启动环和保护环中传输。

4）定值校验码：各子机保护 CPU 和启动 CPU 分别计算自身定值的校验码，分别在启动环和保护环中传输。

（3）报文帧格式：环网报文帧在以太网标准报文 802.3q 的基础上，在源 MAC 字段后增加 6 字节环网特征字段，形成环网通信的基础帧格式。应用协议帧 APDU 遵循 IEC 61850 9-2 帧格式定义，APDU 由多个 ASDU 组合而成，每个 ASDU 为统一定义的独立数据段，元件保护环网通信协议中定义了 3 种不同的 ASDU 类型，分别传输模拟量采样值、开关量和整型值，通过 ASDU 类型（TAG）标示传输的数据内容。通信传输时，子机将模拟量采样值、开关量和定值校验码打包到一帧，以 250μs 的时间间隔定时发送到环网，如图 13-11 所示。

图 13-11 元件保护环网通信报文传输示意图

（4）延时修正：延时修正方案与方案一相同。

（5）网络负载：环网内每台子机按 250μs 时间间隔定时发送单一报文帧，网络负载均衡稳定。按元件保护最多 6 台子机、报文帧最长 500 字节、每秒 4000 帧为例进行计算，千兆环网的最大网络负载率为 500 字节×6 台×4000×8/1000MB=9.6%。该网络负载率远优于智能变电站对通信性能的要求，能保证元件保护网络通信的可靠性。

13.3.1.2 优缺点分析

如表 13-5 所示，通过比较，以适当增加硬件成本和修改软件实现为代价，大幅提高网络通信的稳定性和保护的可靠性是值得的，因此元件保护环网通信方案推荐采用方案二：双向双环网络和单一报文帧格式。

表 13-5 元件保护环网方案对比分析

方案＼特点	优点	缺点
方案一（单环网）	（1）环网结构简单，硬件成本低； （2）采用 IEC 61850 标准，利用 SV、GOOSE 传输采样值和开关量，通信实现技术成熟，改动小	（1）双向单环模式，启动 CPU 和保护 CPU 均利用同一环网内的采样数据，降低了保护的可靠性； （2）环内通信机制复杂，SV 报文会受到突发 GOOSE 报文的干扰
方案二（双环网）	（1）启动 CPU 和保护 CPU 在采集、传输、运算处理都能做到物理独立，保证了除出口继电器外任一元器件损坏保护不误动，提高了保护可靠性； （2）采用 IEC 61850 标准，基于 SV 帧格式定义专用报文帧格式，将采样值、开关量、定值校验码打包在一帧报文中定时发送，环内报文单一，传输机制简单、网络负载稳定，提高了网络通信的可靠性	（1）每台子机增加 2 对千兆光口，硬件成本上升； （2）新的传输方式需要修改 IEC 61850 的通信机制

13.3.2　母线保护

13.3.2.1　方案简介

[方案一]　积木式就地化母线保护

技术方案（示意图见图 13-12）：

（1）母线保护采用积木式设计，由一个或多个母线保护子机构成，各保护子机间通过独立的双向双环网连接。

（2）每个母线保护子机固定接入 8 个间隔，负责 8 个间隔的模拟量和开关量的采集和对应间隔的分相跳闸出口。

（3）每个母线保护子机通过元件保护环形网络接收其他子机采集的模拟量和开关量信息，独立完成所有保护功能，跳本子机所接入的相关间隔。

（4）母线保护跟其他保护的联闭锁信号通过保护专网以 GOOSE 方式交互。

（5）母线保护子机具备 SV、GOOSE、MMS 三网合一共口输出功能。

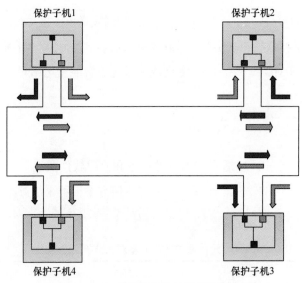

图 13-12　积木式就地化母线保护示意图

[方案二]　无主分布式母线保护

技术方案（示意图见图 13-13）：

（1）按间隔配置保护子机，各子机之间通过环形通信网络连接。

（2）每个保护子机就地采集本间隔的模拟量和开关量，并发送到环网，同时接收其他间隔保护子机采集的模拟量和开关量。

（3）每个保护子机进行独立逻辑判别，并跳本间隔。

（4）特定某个保护子机作为管理主机，负责整套保护装置的 MMS 通信；选取任意 2 个间隔完成与过程层通信。

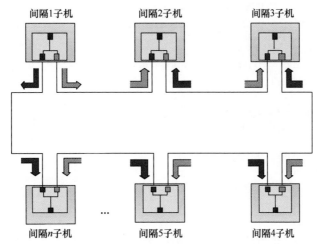

图 13-13　无主分布式母线保护示意图

[方案三]　集中式就地化母线保护

技术方案（示意图见图 13-14）

（1）母线保护集中配置，单装置具备完整的保护功能，就地安装。

（2）母线保护通过电缆直接采集模拟量、开关量，电缆直接跳闸。

（3）母线保护跟其他保护的联闭锁信号通过保护专网以 GOOSE 方式交互。

（4）母线保护具备 SV、GOOSE、MMS 三网合一共口输出功能。

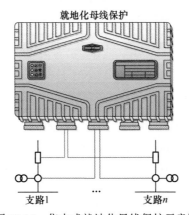

图 13-14　集中式就地化母线保护示意图

13.3.2.2　优缺点分析

如表 13-6 所示，从继电保护"四性"角度考虑，积木式就地化母线保护由本保护子机采用电缆直接跳闸，相对智能站提高了保护动作速度；保护逻辑判别所用的模拟量数据和开关量数据经相互独立的双向双环传输，装置整体可靠性明显提升。另外，各保护子机硬件相同，子机间采用标准通信协议，便于调试和检修。综合比较三种技术特点和工程实施可行性，积木式就地化母线保护都具备明显的优势。

表 13-6 就地化母线保护方案对比分析

方案＼特点	优点	缺点
方案一	（1）各保护子机之间双向双环连接冗余度高，通信可靠； （2）保护双环独立，单一元件损坏不误动，通信可靠； （3）各保护子机硬件一致，功能相同，便于更换式检修； （4）保护子机之间采用统一协议交互数据，便于单个子机测试及检修	同一子机接入多个间隔，单间隔检修时安全措施较复杂
方案二	（1）各保护子机之间双向双环连接冗余度高，通信可靠； （2）各支路保护子机硬件一致，功能相同，便于更换式检修； （3）各保护子机采用统一协议交互数据，便于单个子机测试及检修； （4）完全按间隔配置子机，便于按单间隔检修	（1）整套母线保护子机数量多，经济性差； （2）元件保护环网转换节点多，环网延时增加，可靠性下降； （3）管理主机需要统筹整套保护众多子机的 MMS 信息，可靠性下降
方案三	（1）集中配置的就地化母线保护，无环网通信环节、不需要聚合多个保护子机的信息，技术成熟，实现简单； （2）经济性较好	（1）装置体积和重量过大，不满足低功耗、小型化要求； （2）机械性能难以满足就地化标准要求，较难实现就地化安装； （3）相对积木式就地化保护，模拟量和开关量电缆长，经济性和安全性下降； （4）当母线支路个数较少时，模拟量和开关量利用率较低

所以，方案一（积木式就地化母线保护）是就地化母线保护的推荐方案。

13.3.2.3 技术要求

（1）母线保护电缆直接采样、电缆直接跳闸。

（2）母线保护采用积木式设计，由一个或多个完全相同的母线保护子机构成，各保护子机通过双向双环网连接，每个保护子机独立完成保护功能。

（3）每个母线保护子机固定接入 8 个间隔，负责 8 个间隔的模拟量和开关量的采集和对应间隔的分相跳闸出口。对需要引入电压量的接线形式，接入子机的 8 个间隔分别为 1 个 TV 间隔、1 个母联/分段间隔和 6 个支路间隔。对不需要引入电压量的接线形式，接入子机的 8 个间隔均为支路间隔。

（4）子机具备 SV、GOOSE、MMS 三网合一共口输出功能，该光口采用百兆光纤接口。SV 数据输出格式为 9-2，采样率为 4kHz。所有子机都接入保护专网，发布 SV 报文，收发 GOOSE、MMS 报文。SV 报文包含本子机所采集间隔的模拟量信息。GOOSE 发送报文包含整套母线保护的跳闸信号和本子机所采集间隔的开关量信息。GOOSE 接收报文为所有间隔的启动失灵信号。

（5）联闭锁信息（失灵启动、远跳闭重、失灵联跳等）采用 GOOSE 网络传输方式。

（6）装置实现其保护功能不应依赖外部对时系统。子机配置对时接口，支持 IRIG-B 码对时，实现站域等其他保护的同步采样。

13.3.2.4 配置原则

（1）220kV 按远景规模配置双重化母线保护装置，两套保护之间不应有任何联系，当一套保护异常或退出时不应影响到另一套保护的运行。

（2）有稳定要求 110（66）kV 系统，按远景规模配置单套母线差动保护装置。

（3）两套保护的跳闸回路应与两个就地化操作继电器组一一对应。

（4）双重化配置的保护使用的 GOOSE 网络应遵循相应独立的原则，当一个网络异常或退出时不应影响另一个网络的运行。

（5）就地化母线保护不考虑带旁路接线。

（6）就地化母线保护子机所接支路的属性固定，工程规模与保护装置配置的对应关系如表 13-7 所示。

表 13-7　　　　　　　　　　　　　工程规模与保护装置配置对照表

装置配置 / 接入间隔	子机 1		子机 2		子机 3		子机 4	
	间隔 1	Ⅰ 母 TV	间隔 1	Ⅱ 母 TV	间隔 1	备用	间隔 1	备用
	间隔 2	母联	间隔 2	分段 1	间隔 2	分段 2	间隔 2	备用
双母双分接线	间隔 3	主变压器 1	间隔 3-6	支路 10-13	间隔 3-8	支路 16-21	间隔 3-8	支路 22-27
	间隔 4	主变压器 2	间隔 7	主变压器 3				
	间隔 5-8	支路 6-9	间隔 8	主变压器 4				

注　1　在双母线、单母分段和单母线时，保护子机 2 和 3 的间隔 2 作为备用。单母线时，保护子机 1、2 和 3 的间隔 2 作备用。
　　2　支路 4/5/14/15 固定接入主变压器间隔。
　　3　子机数量按照工程实际需求配置。

装置配置 / 接入间隔	子机 1		子机 2		子机 3		子机 4	
	间隔 1	Ⅰ 母 TV	间隔 1	Ⅱ 母 TV	间隔 1	Ⅲ 母 TV	间隔 1	备用
	间隔 2	母联 1	间隔 2	分段	间隔 2	母联 2	间隔 2	备用
双母单分段接线	间隔 3	主变压器 1	间隔 3-6	支路 10-13	间隔 3-8	支路 16-21	间隔 3-8	支路 22-27
	间隔 4	主变压器 2	间隔 7	主变压器 3				
	间隔 5-8	支路 6-9	间隔 8	主变压器 4				

注　1　在单母三分段时，保护子机 2 的间隔 1 作为备用。
　　2　支路 4/5/14/15 固定接入主变压器间隔。
　　3　子机数量按照工程实际需求配置。

13.3.3　变压器保护

13.3.3.1　方案简介

[方案一]　按侧配置的分布式就地化变压器保护

技术方案（示意图见图 13-15）：

（1）变压器保护由多个保护子机通过独立的双向双环网连接构成，保护子机按侧配置。

（2）变压器保护子机采集本侧的模拟量和开关量，输出本侧开关的分相跳闸出口。

（3）变压器保护子机通过元件保护环网接收其他保护子机采集的模拟量和开关量信息，各保护子机独立完成所有保护功能。

（4）变压器保护跟其他保护的联闭锁信号通过保护专网以 GOOSE 方式交互。

（5）变压器保护具备 SV、GOOSE、MMS 三网合一共口输出功能。

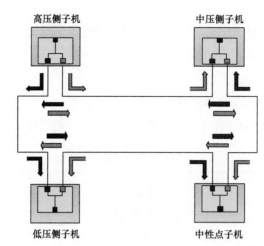

图 13-15 按侧配置的分布式就地化变压器保护示意图

[方案二] 按开关配置的分布式就地化变压器保护

技术方案（示意图见图 13-16）：

（1）变压器保护由多个保护子机通过独立的双向双环网连接构成，保护子机按开关配置。

（2）变压器保护子机采集本开关的模拟量和开关量，输出本开关的分相跳闸出口。

（3）变压器保护子机通过元件保护环网接收其他保护子机采集的模拟量和开关量信息，独立完成所有保护功能。

（4）变压器保护跟其他保护的联闭锁信号通过保护专网以 GOOSE 方式交互。

（5）变压器保护具备 SV、GOOSE、MMS 三网合一共口输出功能。

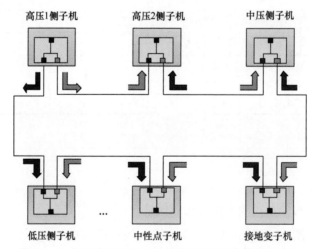

图 13-16 按开关配置的分布式就地化变压器保护示意图

[方案三] 集中式就地化变压器保护

技术方案（示意图见图 13-17）：

（1）变压器保护采用集中式设计，由一台装置完成所有保护功能。

（2）保护装置采集全部模拟量和开关量，输出所有开关的跳闸出口。

（3）变压器保护跟其他保护的联闭锁信号通过保护专网以 GOOSE 方式交互。

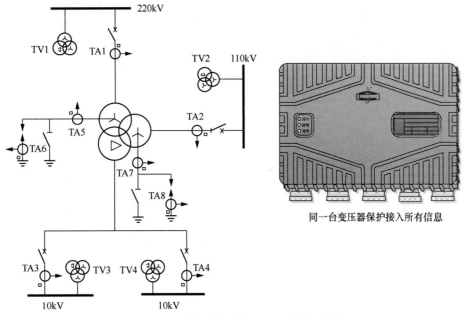

图 13-17　集中式就地化变压器保护示意图

（4）变压器保护具备 SV、GOOSE、MMS 三网合一共口输出功能。

13.3.3.2　优缺点分析

如表 13-8 所示，综合优缺点分析，方案一（按侧配置的分布式设计方案）是就地化变压器保护的推荐方案。

表 13-8　　　　　　　　　　　　　　就地化变压器保护方案对比分析

特点 方案	优点	缺点
方案一（按侧配置子机）	（1）保护子机数量较少、体积较小，可接入多间隔模拟量和开关量； （2）除中性点子机外，其余各保护子机完全相同，充分利用各保护子机软硬件资源； （3）各保护子机接入的模拟量和开关量电缆较短	同一子机接入多个间隔，单间隔检修安全措施较复杂
方案二（按开关配置子机）	（1）各保护子机体积小； （2）各保护子机接入模拟量和开关量的电缆最短； （3）便于单间隔检修	（1）保护子机数量多，经济性差； （2）元件保护环网转换节点增多，网络延时增加，可靠性下降； （3）为满足不同采样需求，子机硬件存在差异、种类多，运维和管理难度大
方案三（集中式）	（1）集中配置的就地化变压器保护，无环网通信环节，不需要聚合多个保护子机的信息，技术成熟，实现简单； （2）经济性较好	（1）装置体积和重量过大，不满足低功耗、小型化要求； （2）机械性能难以满足就地化标准要求，较难实现就地化安装； （3）相对分布式就地化保护，模拟量和开关量电缆长，经济性和安全性下降； （4）当变压器规模较小时，模拟量和开关量利用率很低

13.3.3.3　技术要求

（1）就地化变压器保护由分布式子机构成，各子机就地安装（35kV 及以下可开关柜安装），子机之间采用千兆光纤双向双环网通信，任一环网中断不应使通信中断。

（2）采用无主模式，各子机完成本侧模拟量、开关量采集，通过环网通信进行信息交互，各个子机应下装相同的定值，独自完成全部保护功能，根据自身运行结果决定是否跳本子机对应开关及对外发送跨间隔 GOOSE 信号。

（3）子机采用电缆直接采样、电缆直接跳闸方式，装置接收的断路器位置等本间隔开入信息采用电缆连接方式。与其他装置间的启动、闭锁等信号应采用 GOOSE 网络传输。

（4）子机具备 SV、GOOSE、MMS 三网合一共口输出功能，该光口采用百兆光纤接口。SV 数据输出格式为 9-2，采样率为 4kHz。子机支持通过保护专网接收其他保护设备的跳合闸命令并驱动本间隔出口。

（5）装置实现其保护功能不应依赖外部对时系统。子机配置对时接口，支持 IRIG-B 码对时，满足站域等其他保护的同步采样要求。

13.3.3.4 配置原则

（1）就地化主变压器保护子机按侧配置（低压侧双分支时，按分支配置子机），并单独配置中性点子机。

（2）不同电压等级变压器保护配置的子机数目不同。220kV 变压器由高压侧子机、中压侧子机、低压 1 侧子机、低压 2 侧子机、中性点子机构成。110kV 变压器保护由高压侧子机、高压桥 2 子机（可选）、中压侧子机、低压 1 侧子机、低压 2 侧子机、中性点子机构成。表 13-9、表 13-10 为各电压等级最大化的子机配置数目及接入的模拟量。

表 13-9   220kV 就地化变压器保护配置原则

序号	子机名称	模拟量含义	模拟量数目
1	高压侧子机	高压侧电压，高压 1 侧电流，高压 2 侧电流，高压侧开口三角电压	$4U$、$6I$
2	中压侧子机	中压侧电压，中压侧电流，中压侧开口三角电压	$4U$、$3I$
3	低压侧 1	低压 1 分支电流，低压 1 分支电压，电抗器 1 电流	$3U$、$6I$
4	低压侧 2	低压 2 分支电流，低压 2 分支电压，电抗器 2 电流	$3U$、$6I$
5	中性点子机	公共绕组电流（高压侧零序电流，高压侧间隙电流、中压侧零序电流，中压侧间隙电流），接地变电流	$8I$

表 13-10   110kV 就地化变压器保护配置原则

序号	子机名称	模拟量含义	模拟量数目
1	高压侧子机 1	高压侧电压，高压 1 侧电流，高压 2 侧电流，高压侧开口三角电压	$4U$、$6I$
2	高压桥 2 子机（可选）	高压 3 侧电流	$3I$
3	中压侧子机	中压侧电压，中压侧电流	$3U$、$3I$
4	低压侧子机 1	低压 1 分支电流，低压 1 分支电压	$3U$、$3I$
5	低压侧子机 2	低压 2 分支电流，低压 2 分支电压	$3U$、$3I$
6	中性点子机	高压侧间隙和零序电流、中压侧零序电流、低压零序电流	$4I$

13.3.3.5 布置方式

就地化主变压器子机配置示意图如图 13-18 所示，220kV 变压器现场布置方式示意图如图 13-19 所示，110kV 变压器现场布置方式示意图如图 13-20 所示。

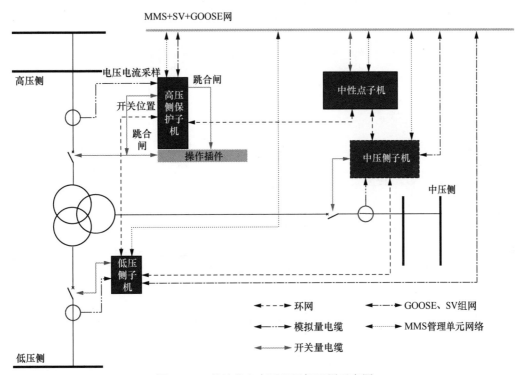

图 13-18 就地化主变压器子机配置示意图

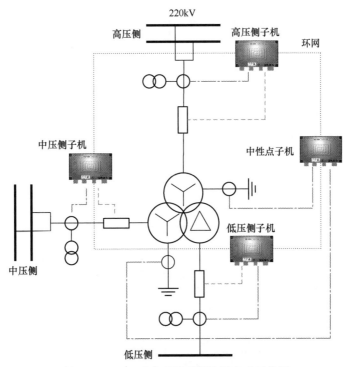

图 13-19 220kV 变压器现场布置方式示意图

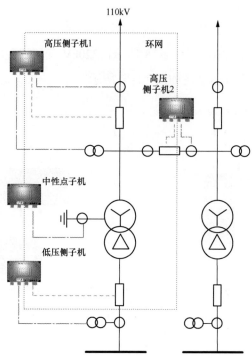

图 13-20　110kV 变压器现场布置方式示意图

13.4　智 能 管 理 单 元

220kV 就地化保护智能管理单元功能与 110kV 一致，本节内容参考 12.6 节。

13.5　智 能 录 波 器

智能录波器是多功能合一的设备，集成故障录波、二次回路可视化、网络记录分析、保护信息子站等功能，接入保护专网和站控层网络，实现智能变电站过程层、站控层所有应用数据的完整记录、全景可视化展示、综合分析与诊断、远传及管理、PMU 等功能。智能录波器由数据管理单元、数据采集单元组成。信号接入方式如图 13-21 所示。

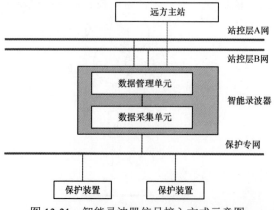

图 13-21　智能录波器信号接入方式示意图

13.5.1 数据采集单元

数据采集单元接入保护专网、站控层网络，可完成功能包括：①故障录波功能；②网络记录功能；③继电保护状态信息采集；④光纤物理回路状态信息采集；⑤二次回路诊断告警；⑥PMU 相量采集功能。

13.5.2 数据管理单元

数据管理单元可完成功能包括：①变电站继电保护全景展示；②故障录波分析；③网络报文分析与诊断；④继电保护动作分析诊断；⑤二次回路诊断告警；⑥二次设备巡检与评估；⑦安全措施校核；⑧应用数据远传与管理；⑨集成 PMU 功能。

13.6 就地化保护部分间隔试运行改造方案

国家电网有限公司即将开展的各省就地化试点工程，涉及就地化保护装置与原站内网络及设备之间的配合关系。本节方案从各回路分析就地化保护装置与原变电站之间的配合关系，并形成对应的解决方案（可利用就地化保护装置与原有智能站及常规站配合分析）。

13.6.1 就地化保护装置与运行设备 GOOSE 相关信息交互

13.6.1.1 交互内容

就地化保护装置设计考虑通过 GOOSE 报文实现保护装置间控制信息传递，包括：

1. 母线保护

（1）接收：各间隔保护失灵开入；

（2）发送：线路远跳及闭锁重合闸、主变压器支路失灵联跳三侧。

2. 主变压器保护

（1）接收：母线失灵联跳三侧开入；

（2）发送：启动失灵、跳各侧母联分段、闭锁备自投、联跳小电源（部分工程）。

3. 线路保护

（1）接收：母线远跳及闭锁重合闸；

（2）发送：启动失灵。

13.6.1.2 关键问题

就地化保护装置存在通过 GOOSE 传递保护装置间控制信息，就地化与常规站配合需考虑 GOOSE 报文与常规接点间的相互转换；就地化与智能站配合需考虑保护专网与原智能站 GOOSE 网之间的信息交互。

13.6.1.3　解决方案

1. 常规站解决方案

增加 GOOSE 接口装置，实现 GOOSE 报文与硬接点之间的相互转换。

2. 智能站解决方案

（1）网络交互：

1）基于不影响原有 GOOSE 网络可靠性考虑，增加过程层网络连接装置，实现就地化保护专网与原 GOOSE 网隔离。就地化保护可通过过程层网络连接装置获取原 GOOSE 网信息，实现就地化保护专网信息不影响原 GOOSE 网功能。

2）为监视就地化保护装置 GOOSE 输出，考虑新增智能故障录波器装置。就地化保护 GOOSE 发送信息通过保护专网交换机接入到智能故障录波器。

（2）模型文件：新增的就地化保护使用独立的 SCD 文件，原有 SCD 文件及配置不变。

13.6.2　就地化保护装置交流回路分析

（1）电流回路接入：无论常规站或智能站，均采用原有电流回路串接方式。考虑直接在端子箱位置进行串接。

（2）电压回路接入：

1）常规站：就地化保护使用原小室内并列装置并列后的电压，通过电缆从保护小室接入。就地化主变压器、线路保护使用的电压通过操作箱切换后接入，就地化主变压器、线路配置操作箱。

2）智能站：就地化保护使用新增就地 TV 并列装置并列后的电压；通过电缆从 TV 间隔接入。就地化主变压器、线路保护使用的电压通过操作箱切换后接入，就地化主变压器、线路配置操作箱。

13.6.3　就地化保护装置开入开出回路分析

（1）开入回路：断路器和隔离开关位置通过机构辅助接点获取。

（2）开出回路：就地化保护装置跳闸接点接入操作箱。操作箱需要搭建模拟断路器回路，操作箱跳合闸信号接点接入故障录波器进行监视。

（3）信号回路：就地化保护装置信号接点接入公用测控。

13.6.4　其他回路分析

（1）电源：就地化保护装置电源使用直流屏提供的独立电源。

（2）校时：就地化保护装置校时优先使用时间同步装置提供的光 B 码校时。

13.6.5　试运行改造方案

1. 常规站部分间隔就地化试运行改造方案

假设 A 站双母线接线，包含如下保护设备：

（1）两套母线保护 PM2201A, PM2201B；

（2）四套线路保护 PL2201A, PL2201B, PL2202A, PL2202B；

（3）两套主变压器保护 PT2201A, PT2201B；

（4）两套母联保护 PE2201A, PE2201B。

[方案一]　只增加就地化线路试运行改造方案

具体示例为仅新增一套就地化线路保护 PL2201JG 及其操作箱。

（1）增加管控单元（1 台）、保护专网交换机（1 台）、GOOSE 接口装置（1 台）、智能故障录波器（1 台）。

（2）将 PL2201B 保护操作箱 TJR 接点接到 GOOSE 接口装置，GOOSE 接口装置转成 GOOSE 报文接入保护专网交换机。

（3）将开关位置辅助接点接入就地化线路保护 PL2201JG。

（4）智能故障录波器接入保护专网交换机。

改造后网络拓扑图如图 13-22 所示。

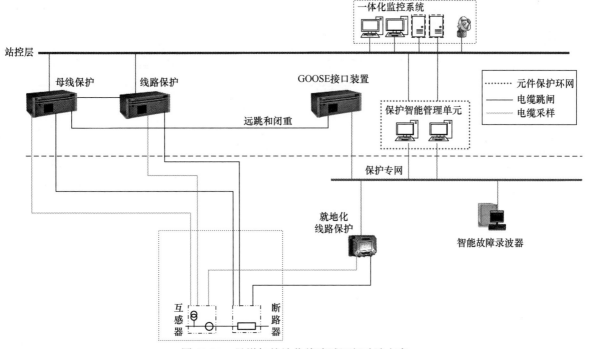

图 13-22　只增加就地化线路试运行改造方案

[方案二]　只增加就地化主变压器试运行改造方案

具体示例为仅新增一套就地化主变压器保护 PT2201JG 及其操作箱。

（1）增加管控单元（1 台）、保护专网交换机（1 台）、GOOSE 接口装置（1 台）、智能故障录波器（1 台）。

（2）将 PT2201B 保护操作箱 TJR 接点接到 GOOSE 接口装置，GOOSE 接口装置转成 GOOSE 报文接入保护专网交换机。

（3）智能故障录波器接入保护专网交换机。

改造后网络拓扑图如图 13-23 所示。

[方案三]　只增加就地化母线试运行改造方案

具体示例为仅新增一套就地化母线保护 PM2201JG。

（1）增加管控单元（1 台）、保护专网交换机（1 台）、GOOSE 接口装置（1 台）、智能故障录波器（1 台）。

（2）将所有间隔 B 套保护启动失灵接点接到 GOOSE 接口装置，GOOSE 接口装置转成 GOOSE 报文接入保护专网交换机。

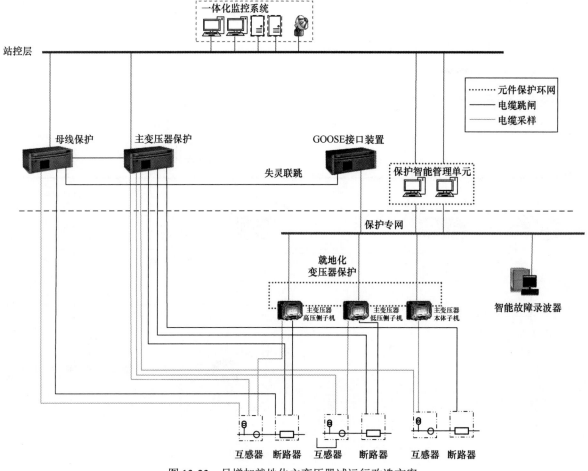

图 13-23　只增加就地化主变压器试运行改造方案

（3）将开关位置辅助接点接入就地化母线保护 PM2201JG。

（4）智能故障录波器接入保护专网交换机。

改造后网络拓扑图如图 13-24 所示。

[方案四]　同时增加就地化母线、主变压器和线路试运行改造方案

具体示例为同时增加一套就地化母线保护 PM2201JG，一套就地化线路保护 PL2201JG 及其操作箱，一套变压器保护 PT2201JG 及其操作箱。

（1）增加管控单元（1台）、保护专网交换机（1台）、GOOSE接口装置（1台）、智能故障录波器（1台）。

（2）将未改成就地化保护的 PL2202B、PT2202B、PE2201B 间隔保护启动失灵接点接到 GOOSE 接口装置，GOOSE 接口装置转成 GOOSE 报文接入保护专网交换机。

（3）将开关位置辅助接点接入就地化母线保护 PM2201JG。

（4）智能故障录波器接入保护专网交换机。

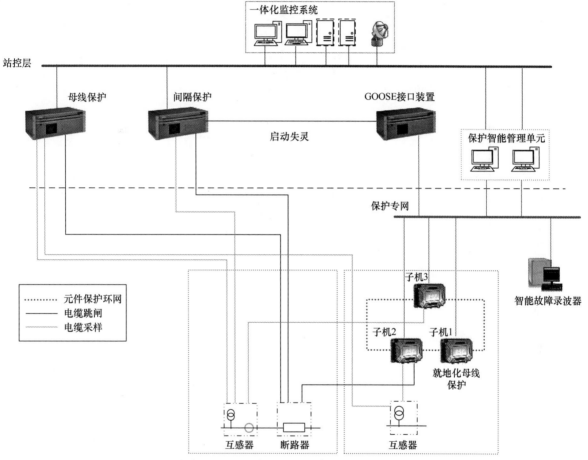

图 13-24　只增加就地化母线试运行改造方案

改造后网络拓扑图如图 13-25 所示。

2．智能站部分间隔就地化试运行改造方案

假设 A 站双母线接线，包含如下保护设备：

（1）两套母线保护 PM2201A、PM2201B；

（2）四套线路保护 PL2201A、PL2201B、PL2202A、PL2202B；

（3）两套主变压器保护 PT2201A、PT2201B；

（4）两套母联保护 PE2201A、PE2201B。

［方案一］　只增加就地化线路试运行改造方案

具体示例为仅新增一套就地化线路保护 PL2201JG 及其操作箱，就地 TV 并列装置。

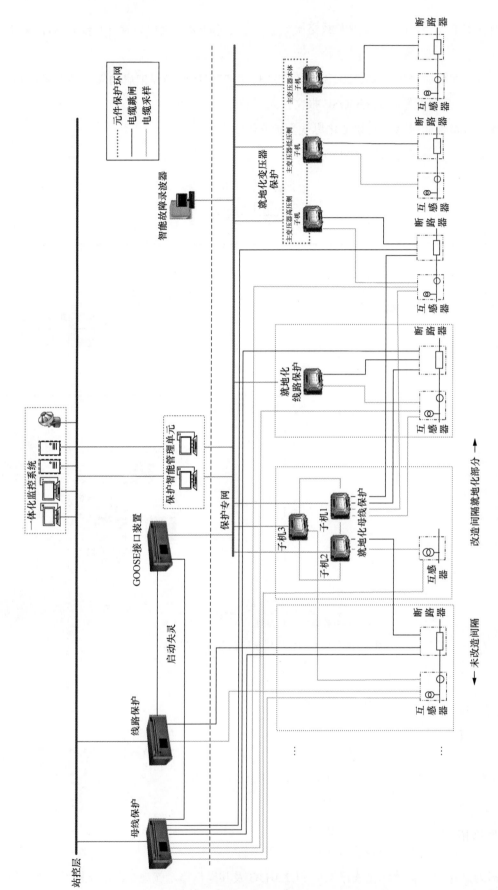

图 13-25 同时增加就地化母线、主变压器和线路试运行改造方案

（1）增加管控单元（1台）、保护专网交换机（1台）、过程层网络连接装置（1台）、智能故障录波器（1台）。

（2）将开关位置辅助接点接入就地化线路保护 PL2201JG。

（3）智能故障录波器接入保护专网交换机。

改造后网络拓扑图如图 13-26 所示。

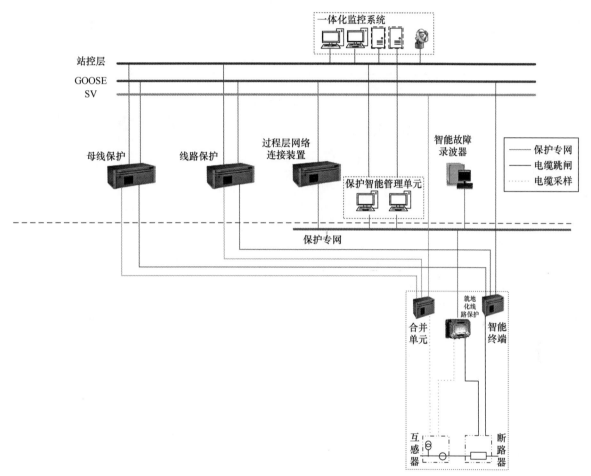

图 13-26　只增加就地化线路试运行改造方案

[方案二]　只增加就地化主变压器试运行改造方案

具体示例为仅新增一套就地化主变压器保护 PT2201JG 及其操作箱，就地 TV 并列装置。

（1）增加管控单元（1台）、保护专网交换机（1台）、GOOSE 接口装置（1台）、智能故障录波器（1台）。

（2）智能故障录波器接入保护专网交换机。

改造后网络拓扑图如图 13-27 所示。

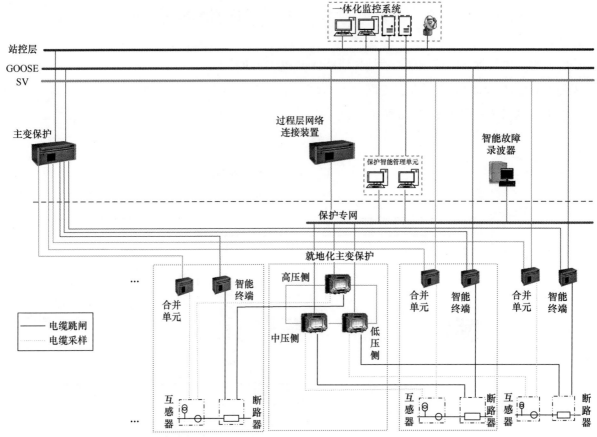

图 13-27　只增加就地化主变压器试运行改造方案

[方案三]　只增加就地化母线试运行改造方案

具体示例为仅新增一套就地化母线保护 PM2201JG，就地 TV 并列装置。

（1）增加管控单元（1 台）、保护专网交换机（1 台）、过程层网络连接装置（1 台）、智能故障录波器（1 台）。

（2）将开关位置辅助接点接入就地化母线保护 PM2201JG。

（3）智能故障录波器接入保护专网交换机。

改造后网络拓扑图如图 13-28 所示。

[方案四]　同时增加就地化母线、主变压器和线路试运行改造方案

具体示例为同时增加一套就地化母线保护 PM2201JG、一套就地化线路保护 PL2201JG 及其操作箱、一套变压器保护 PT2201JG 及其操作箱，就地 TV 并列装置。

（1）增加管控单元（1 台）、保护专网交换机（1 台）、GOOSE 接口装置（1 台）、智能故障录波器（1 台）。

（2）将开关位置辅助接点接入就地化母线保护 PM2201JG。

（3）智能故障录波器接入保护专网交换机。

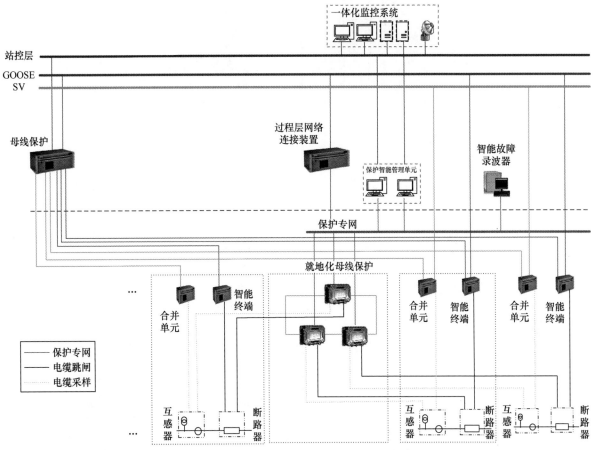

图 13-28　只增加就地化母线试运行改造方案

改造后网络拓扑图如图 13-29 所示。

13.6.6　基于试运行转投入运行方案分析

试运行装置一年后，考虑投入正式运行并替代原有一套保护。因此需分析试运行装置转为正式运行后回路及网络的变化。就地化保护投入运行方案是基于如上试运行方案基础上展开。

13.6.6.1　常规站

（1）后台监控系统导入就地化管理机模型文件，完成监控信号及画面配置。

（2）远动装置中将被取代保护装置所有相关遥信使用空遥信点取代（避免与主站点表错序），并将新增就地化保护装置相关上送信息增加在原远动点表尾部。调度端完成信号及画面配置修改。

（3）操作箱回路更改。

1）间隔保护共用操作箱场合：

a. 将操作箱第二组跳闸回路更改到 B 套就地化保护操作箱，投入就地化保护操作箱。

b. 将 A 套线路保护闭重出口通过电缆接入 B 套就地化线路保护装置闭重开入，将 B 套就地化线路保护装置闭重出口通过电缆接入 A 套线路保护闭重开入。

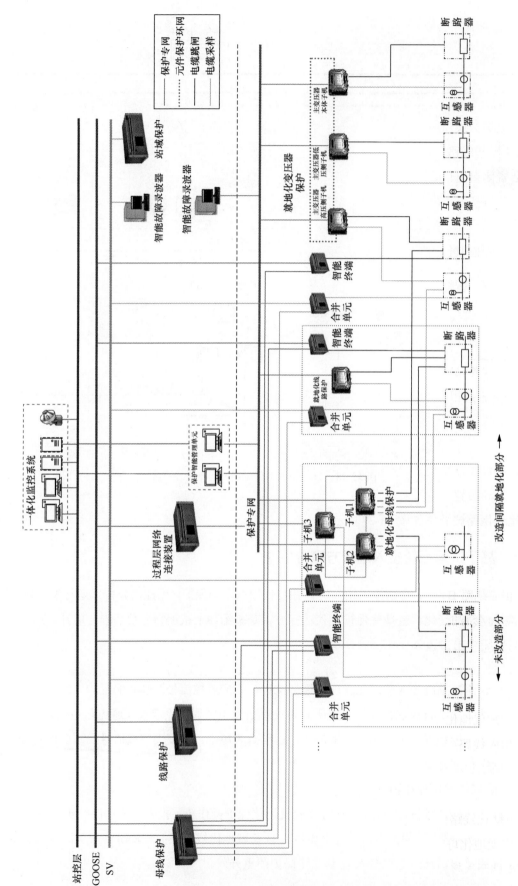

图 13-29　同时增加就地化母线、主变压器和线路试运行改造方案

c. 将就地化母线保护 B 套支路跳闸出口通过电缆连接至相应操作箱及就地化保护操作箱 B 套 TJR 硬开入接点。

2）间隔保护使用独立操作箱：

a. 拆除相应主变压器/线路间隔 B 套操作箱，将第二组跳闸回路更改到 B 套就地化保护操作箱，投入就地化保护操作箱。

b. 将 A 套线路保护闭重出口通过电缆接入 B 套就地化线路保护装置闭重开入，将 B 套就地化线路保护装置闭重出口通过电缆接入 A 套线路保护闭重开入。

c. 将就地化母线保护 B 套支路跳闸出口通过电缆连接至相应操作箱 B 套及就地化保护操作箱 B 套 TJR 硬开入接点。

（4）拆除被取代的线路/主变/母线保护 B 套保护交流回路。

13.6.6.2　智能站

（1）在原站内 SCD 文件中新增就地化保护装置 ICD 文件，完成新增装置通信参数配置，在新 SCD 文件中将相关运行装置接收被取代保护装置的 GOOSE 虚端子连线删除，按设计二次虚端子图完成就地化保护装置与站内相关运行保护装置 GOOSE 虚端子连线配置，并将新生产的 GOOSE 配置文件或 CCD 文件下装到相应保护装置中。

（2）重新配置过程层网络连接装置 GOOSE 报文转发策略，将就地化保护专网 GOOSE 信号转发到变电站过程层 GOOSE 网络。

（3）后台监控系统导入就地化管理机模型文件，完成监控信号及画面配置。

（4）远动装置中将被取代保护装置所有相关遥信使用空遥信点取代（避免与主站点表错序），并将新增就地化保护装置相关上送信息增加在远动点表尾部。调度端完成信号及画面配置修改。

（5）操作回路更改。

1）仅增加就地化线路或主变压器场合：

a. 相应线路 B 套智能终端跳闸回路更改到就地化保护操作箱，投入就地化保护操作箱。

b. 将 A 套智能终端闭重出口通过电缆接入 B 套就地化线路保护装置闭重开入，将 B 套就地化线路保护装置闭重出口通过电缆接入 A 套智能终端闭重开入。

2）仅增加就地化母线保护场合：将就地化母线保护 B 套支路跳闸出口通过电缆连接至相应支路智能终端 B 套 TJR 硬开入接点。

3）增加就地化线路/主变压器、母线保护场合：

a. 相应线路/主变压器 B 套智能终端跳闸回路更改到就地化保护操作箱，投入就地化保护操作箱。

b. 将相应线路间隔 A 套智能终端闭重出口通过电缆接入 B 套就地化线路保护装置互闭重开入，将 B 套就地化线路保护装置闭重出口通过电缆接入 A 套智能终端互闭重开入。

c. 将就地化母线保护 B 套支路跳闸出口通过电缆连接至相应支路智能终端 B 套及就地化保护操作箱 TJR 硬开入接点。

13.7 就地化装置悬挂式安装方案

13.7.1 就地化装置挂接方案

13.7.1.1 就地化装置挂接要求

就地化保护装置安装工艺，需满足"先挂后拧"要求，即为方便单人安装、更换的作业需求，采用挂钩先挂住装置、再拧紧装置四角螺丝的方式进行安装紧固。具体要求：

（1）保护柜采用侧壁安装时，就地化保护装置上除四个统一标准的螺丝孔外不额外打孔。

（2）保护柜上的挂架结构与形式统一，方便在不调整挂架的情况下，各厂家设备通用替换。

（3）安装简便，工艺可靠。

13.7.1.2 挂架方案展示

基于以上挂接要求，各厂家挂架方案基本达成一致，满足各厂家装置安装要求，无需再进行特殊处理，具备通用性条件。

（1）方案特点：

1）上挂下托双保险，装配简单，安全可靠；

2）整体隐藏式设计，外观美观，节省空间；

3）挂板工艺简单，强度好；

4）各厂家结构无需更改，可统一安装孔尺寸；

5）系列产品（线路、元件）可统一侧壁打孔尺寸。

（2）材料参数：

1）采用不锈钢材质，有效防止户外环境生锈、挂接处粘连问题；

2）挂架钢板厚度按 3mm 进行制作，可满足现场承重需求。

（3）细节展示如图 13-30～图 13-32 所示。

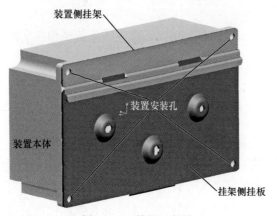

图 13-30 整体示意图

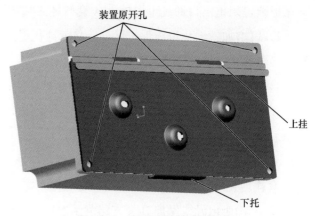

图 13-31 开孔及挂接点示意图

（4）挂架安装使用步骤：

1）将屏柜侧挂板用螺丝紧定在现场挂架上；螺丝开孔位置各厂家、各系列产品固定，方便集成厂家进行就地化保护柜工厂化预制开孔。详见图 13-33 中红圈标示位置。

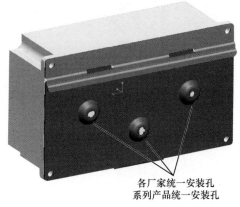

图 13-32 统一屏柜安装孔示意图

图 13-33 屏柜开孔示意图

2）将装置侧挂板用螺丝紧固在装置上，选用装置本身统一开孔螺丝位；由厂家配套响应挂板随装置发送至用户处，详见图 13-34 红圈标示位置。

3）安装方法：将带装置侧挂板的装置缓缓向右向下滑入现场屏柜侧挂板，卡住即可；简单、易操作，详见图 13-35 箭头标示方向。

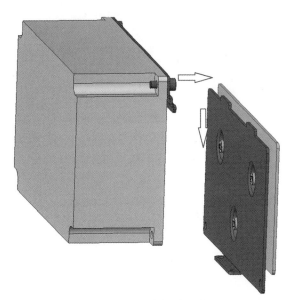

图 13-34 装置侧挂板螺丝位示意图

图 13-35 挂板挂接动作示意图

4）挂接到位后，装置即可实现上挂下托，挂接完成示意图如图 13-36 展示。

5）最后，需完成紧固螺丝安装，旋紧四角下部两颗螺丝，即完成安装过程。详见图 13-37 红圈标示。

（5）使用建议：常规作业习惯需调整，即在拿下装置时，方案中应该拆下面两个螺钉，取出装置，在运维人员未知悬挂结构情况下，有直接松上面两个螺钉的可能，这样装置就会直接跌落，如图 13-38 所示。

图 13-36　挂接到位展示图

图 13-37　挂接紧固螺孔示意图

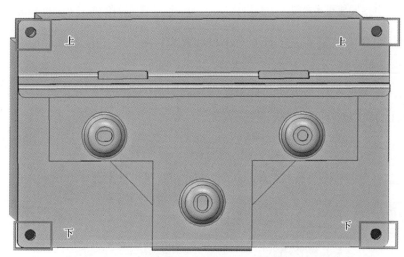

图 13-38　螺丝孔示意图

13.8　集中挂网安装方案

13.8.1　挂网条件

因集中挂网主要考验保护装置在极端恶劣条件下的关键参数是否满足要求，不考虑出口、软功能等，由于集中挂网各厂家设备需集中布置，故采用端子箱+支架的方式，根据情况支架可采用两层或三层阶梯支架，背靠背安装。

13.8.2　220kV 母线保护

按单套两个子机配置，六个厂家共计 12 台子机，考虑两层支架安装装置，背靠背安装方式，单侧安装 6 台装置，支架尺寸：1200mm×1200mm×800mm（高、宽、深）。端子箱布置两面，支架左右两侧各布置一台，端子箱尺寸可采用 1600mm×800mm×600mm，各厂家装置端子竖排布置（六厂家）。断路器及隔离开关位置等信息可通过加装接点继电器的形式分配给各厂家装置使用。母线电压进柜后接入专用母线电压端子后分别引入各厂家电压端子，间隔交流电流串联接入各厂家设备。通信部分配置两块 96 个 LC 口光纤转接板，一台 48 口 LC 熔接型光纤配线架。详见表 13-11、表 13-12、图 13-39～图 13-41。

表 13-11　　　　　　　　　　　　　　　　　　端子数量统计表 1

母差	型号	数量（个）	厚度（mm）	长度（mm）
1-1UD	试验端子	13	8.2	106.6
1-1I1D	试验端子	7	8.2	57.4
1-1I4D	试验端子	7	8.2	57.4
1-1I5D	试验端子	7	8.2	57.4
1-1I6D	试验端子	7	8.2	57.4
1-1I7D	试验端子	7	8.2	57.4
1-1I8D	试验端子	7	8.2	57.4
1-1I9D	试验端子	7	8.2	57.4
1-1I10D	试验端子	7	8.2	57.4
1-1I11D	试验端子	7	8.2	57.4
1-1I12D	试验端子	7	8.2	57.4
1-1I13D	试验端子	7	8.2	57.4
1-1I14D	试验端子	7	8.2	57.4
1-1CD	隔离开关端子	12	6.2	74.4
1-1KD	隔离开关端子	36	6.2	223.2
1-1QD	电压端子	30	6.2	186
1-1YD	电压端子	4	6.2	24.8
1-1UD	标记端子	1	10	10
1-1I1D	标记端子	1	10	10
1-1I4D	标记端子	1	10	10
1-1I5D	标记端子	1	10	10
1-1I6D	标记端子	1	10	10
1-1I7D	标记端子	1	10	10
1-1I8D	标记端子	1	10	10
1-1I9D	标记端子	1	10	10
1-1I10D	标记端子	1	10	10
1-1I11D	标记端子	1	10	10
1-1I12D	标记端子	1	10	10
1-1I13D	标记端子	1	10	10
1-1I14D	标记端子	1	10	10
1-1CD	标记端子	1	10	10
1-1KD	标记端子	1	10	10
1-1QD	标记端子	1	10	10
1-1YD	标记端子	1	10	10
合计		196		1473.8
……	……	……	……	……
6 厂家合计		1176		8842.8

表 13-12　　　　　　　　　　　　　　端子数量统计表 2

公共段	型号	数量（个）	厚度（mm）	长度（mm）
JD：交流电源	电压端子	5	6.2	31
UD：交流电压	试验端子	33	8.2	270.6
ZD：直流电源	电压端子	10	6.2	62
QD：位置重动	电压端子	30	6.2	186
JD	标记端子	1	10	10
UD	标记端子	1	10	10
ZD	标记端子	1	10	10
QD	标记端子	1	10	10
合计		77		558.6

注　若挂网 6 个厂家，按双母线、12 个元件计算，端子排长度合计约 9.4m；按单母分段、12 个元件计算，端子排长度合计约 8.4m。

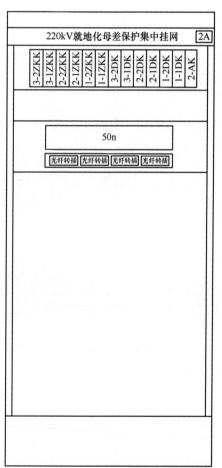
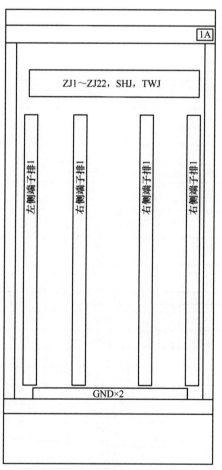

图 13-39　220kV 就地化母线保护集中挂网端子柜 1

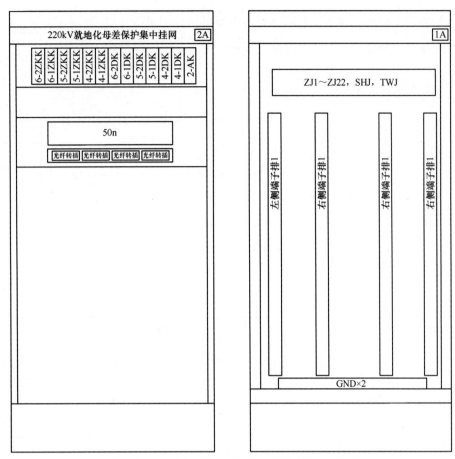

图 13-40   220kV 就地化母线保护集中挂网端子柜 2

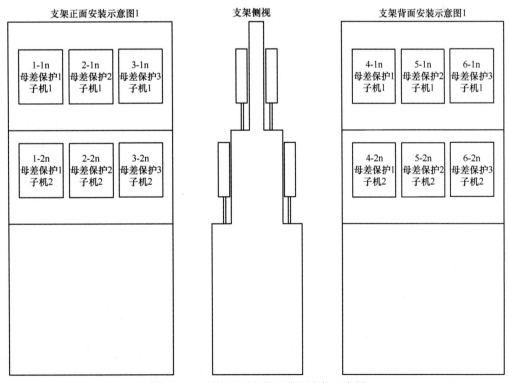

图 13-41   支架正面安装及背面安装示意图

保护专网配置一套保护管理单元及一台光电交换机（16 百兆 4 电），组屏安装于主控室，若现场已配置保护管理单元可只增加一台扩容光电交换机即可。

13.8.3　220kV 主变压器保护

按单套三侧子机配置，六个厂家共计 18 台子机，考虑三层双侧支架背靠背安装装置，单侧安装 9 台装置，支架尺寸：1500mm×1200mm×800mm（高、宽、深）。端子箱布置两面，支架左右两侧各布置一台，端子箱尺寸采用 1600mm×800mm×600mm，各厂家装置端子竖排布置（六厂家）。断路器位置等信息可通过加装接点继电器的形式分配给各厂家装置使用。各侧母线电压进柜后接入专用母线电压端子后分别引入各厂家电压端子，高中低压侧电流串联接入各厂家设备。光通信部分配置两块 96 个 LC 口光纤转接板，两台 48 口 LC 熔接型光纤配线架。详见表 13-13、表 13-14、图 13-42～图 13-44。

表 13-13　　　　　　　　　　　　　端子数量统计表 1

主变压器保护 1 段	型号	数量	厚度	长度
1-1UD	试验端子	6	8.2	49.2
1-1ID	试验端子	13	8.2	106.6
1-1QD	电压端子	5	6.2	31
1-1CD	隔离开关端子	7	6.2	43.4
1-1YD	电压端子	5	6.2	31
1-2UD	试验端子	6	8.2	49.2
1-2ID	试验端子	13	8.2	106.6
1-2QD	电压端子	5	6.2	31
1-2CD	隔离开关端子	7	6.2	43.4
1-2YD	电压端子	5	6.2	31
1-3UD	试验端子	4	8.2	32.8
1-3ID	试验端子	7	8.2	57.4
1-3QD	电压端子	5	6.2	31
1-3CD	隔离开关端子	5	6.2	31
1-3YD	电压端子	5	6.2	31
1-1UD	标记端子	1	10	10
1-1ID	标记端子	1	10	10
1-1QD	标记端子	1	10	10
1-1CD	标记端子	1	10	10
1-1YD	标记端子	1	10	10
1-2UD	标记端子	1	10	10
1-2ID	标记端子	1	10	10
1-2QD	标记端子	1	10	10
1-2CD	标记端子	1	10	10
1-2YD	标记端子	1	10	10
1-3UD	标记端子	1	10	10
1-3ID	标记端子	1	10	10
1-3QD	标记端子	1	10	10

主变压器保护1段	型号	数量	厚度	长度
1-3CD	标记端子	1	10	10
1-3YD	标记端子	1	10	10
合计		113		855.6
……	……	……	……	……
6 厂家合计		678		5133.6

表 13-14   端子数量统计表 2

公共段	型号	数量	厚度	长度
ZD	电压端子	22	6.2	136.4
1UD	试验端子	16	8.2	131.2
2UD	试验端子	16	8.2	131.2
3UD	试验端子	16	8.2	131.2
JD	电压端子	5	6.2	31
合计		75		561

注 若挂网 6 个厂家，按三圈变计算，端子排长度合计约 5.7m。

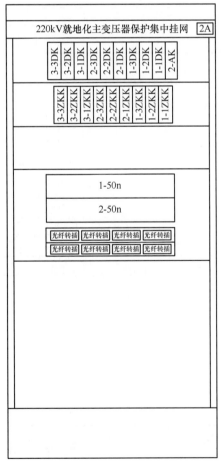
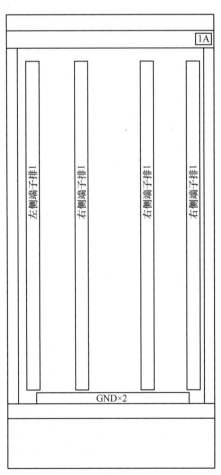

正视图   背视图

图 13-42 220kV 就地化主变压器保护集中挂网端子柜 1

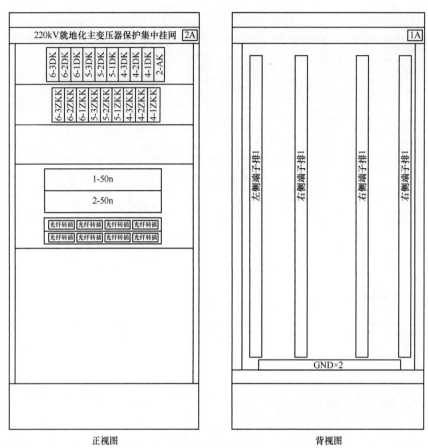

图 13-43　220kV 就地化主变压器保护集中挂网端子柜 2

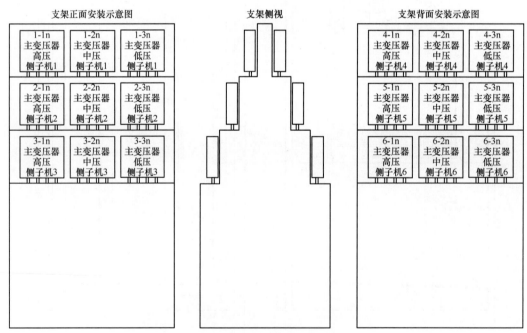

图 13-44　220kV 就地化主变压器保护集中挂网支架

保护专网配置一套保护管理单元及两台光电交换机（16 百兆 4 电），组屏安装于主控室，若现场已配置保护管理单元可只增加两台扩容光电交换机即可。

13.9 关键参数指标

13.9.1 正常工作大气条件

（1）环境温度：-40℃～+70℃依据标准 GB/T 4798.4—2007《电工电子产品应用环境条件 第 4 部分：无气候防护场所固定使用》中统计国家电网有限公司各地区户外温度值，最高户外温度为 55℃，最低户外温度为-45℃，考虑到装置成本并结合现有标准，一般情况下就地化保护应能适应-40℃～+70℃的环境温度，超过这个温度范围情况下，可以采取相应措施继续提升性能。

（2）相对湿度：0%～100%。

（3）大气压力：海拔 4000m 及以下地区（4000m 以上特殊考虑）；海拔越高，绝缘耐压要求越高，为了避免极少量的应用影响绝大部分应用的设计，一般要求海拔 4000m，更高海拔情况下装置采取相应措施继续提升性能。

13.9.2 电气绝缘性能要求

依据标准 GB/T 14598.3—2006《电气继电器 第 5 部分：量度继电器和保护装置的绝缘配合要求和试验》中要求，电气绝缘性能指标要求如表 13-15 所示。

表 13-15   就地化保护装置电气绝缘试验要求

序号	电气绝缘试验项目	电气绝缘试验要求
1	绝缘电阻	500V DC，绝缘电阻大于 100MΩ
2	介质强度	3kV AC，50Hz，持续 1min 无击穿和闪络，泄漏电流小于 10mA
3	冲击电压	7.5kV，无击穿和闪络

冲击试验电压因与大气压力有关而这又取决于试验场所的海拔，因此，对于就地化保护装置，较宽的试验电压的范围变得有必要，所以选取 7500V 作为冲击电压测试要求。

13.9.3 耐湿热要求

依据标准 GB/T 2423.4—2008《电工电子产品环境试验 第 2 部分：试验方法 试验 Db 交变湿热》，试验等级：高温 55℃，低温 25℃，相对湿度 95%，循环次数 6 次。综合考虑就地化保护严酷环境，该项目选取标准中规定最高严酷程度。

13.9.4 电磁兼容性能要求

主要验证装置对电磁干扰的影响测试，试验项目包括：快速瞬变、浪涌、静电放电、辐射电磁场、辐射发射、电源中断跌落、工频磁场、脉冲磁场、阻尼振荡磁场等，考虑到就地化保护距离一次设备距离近，电缆长度短，电磁骚扰沿电缆衰减幅度比传统小室安装设备要小，需要考虑突破现有电磁兼容性最高测试标准要求，采用开放实验标准提高试验等级，加强验证装置对电磁骚扰的可靠性，表 13-16 为各项目试验等级说明。

表 13-16　　　　　　　　　　　　　就地化保护装置电磁兼容试验要求

序号	电气绝缘试验项目	电气绝缘试验要求
1	电快速瞬变抗扰度试验	GB/T 14598.26—2015 量度继电器和保护装置　第 26 部分：电磁兼容要求（IEC 60255-26：2013） 试验等级：开放等级 6kV
2	阻尼振荡波抗扰度试验	GB/T 14598.26—2015 量度继电器和保护装置　第 26 部分：电磁兼容要求（IEC 60255-26：2013） 试验等级：Ⅲ级　共模：2.5kV；差模：1.0kV
3	射频感应的传导骚扰抗扰度试验	GB/T 14598.26—2015 量度继电器和保护装置　第 26 部分：电磁兼容要求（IEC 60255-26：2013） 试验等级：开放等级 30V(rms)
4	静电抗扰度试验	GB/T 14598.26—2015 量度继电器和保护装置　第 26 部分：电磁兼容要求（IEC 60255-26：2013） 试验等级：Ⅳ级 8kV（CD）
5	工频抗扰度试验	GB/T 14598.26—2015 量度继电器和保护装置　第 26 部分：电磁兼容要求（IEC 60255-26：2013） 试验等级：A 级　共模：300V 差模：150V
6	浪涌抗扰度试验	GB/T 14598.26—2015 量度继电器和保护装置　第 26 部分：电磁兼容要求（IEC 60255-26：2013） 试验等级：开放等级　共模 6kV 差模 3kV
7	辐射电磁场抗扰度试验	GB/T 14598.26—2015 量度继电器和保护装置　第 26 部分：电磁兼容要求（IEC 60255-26：2013） 试验等级：开放等级　电场强度 30V/m
8	工频磁场抗扰度试验	GB/T 14598.26—2015 量度继电器和保护装置　第 26 部分：电磁兼容要求（IEC 60255-26：2013） 试验等级：Ⅴ级　连续 100A/m 短时 1000A/m
9	脉冲磁场抗扰度试验	GB/T 14598.26—2015 量度继电器和保护装置　第 26 部分：电磁兼容要求（IEC 60255-26：2013） 试验等级：Ⅴ级 1000A/m
10	阻尼振荡磁场抗扰度试验	GB/T 14598.26—2015 量度继电器和保护装置　第 26 部分：电磁兼容要求（IEC 60255-26：2013） 试验等级：Ⅴ级 100A/m
11	电压暂降、短时中断和电压变化抗扰度	GB/T 14598.26—2015 量度继电器和保护装置　第 26 部分：电磁兼容要求（IEC 60255-26：2013） 电压暂降至 0%U_T 应满足 GB/T 14598.26—2015 中表 23 中验收准则 A 的要求，其他应满足验收准则 C 的要求
12	传导发射试验	GB/T 14598.26—2015 量度继电器和保护装置　第 26 部分：电磁兼容要求（IEC 60255-26：2013） 试验等级：CLASS A
13	辐射发射试验	GB/T 14598.26—2015 量度继电器和保护装置　第 26 部分：电磁兼容要求（IEC 60255-26：2013） 试验等级：CLASS A

注　对于交流工频电量，因上述抗干扰试验引起的误差改变量应不大于相应准确级限值的 200%。

13.9.5　机械性能

　　主要验证装置对机械振冲、冲击、碰撞、锤击以及跌落等应力的影响，就地化保护装置机械试验要求如表 13-17 所示，所选取试验等级均为标准要求最严酷等级。

表 13-17　　　　　　　　　　　　　就地化保护装置机械试验要求

序号	机械试验项目	机械试验
1	振动试验	GB/T 11287—2000 电气继电器　第 21 部分：量度继电器和保护装置的振动、冲击、碰撞和地震试验　第 1 篇：振动试验（正弦） （IEC 60255-21-1：1998） 试验等级：Ⅱ级
2	冲击试验	GB/T 14537—1993 量度继电器和保护装置的冲击与碰撞试验 （IEC 60255-21-2：1988） 试验等级：Ⅱ级
3	碰撞试验	GB/T 14537—1993 量度继电器和保护装置的冲击与碰撞试验 （IEC 60255-21-2：1988） 试验等级：Ⅱ级
4	跌落试验	GB/T 2423.8—1995　电工电子产品环境试验　第二部分：试验方法试验 Ed：自由跌落（IEC 60068-2-32：1990） 试验等级：跌落高度 100cm，七个方向（三面、三线、一点），每个方向跌落一次（新增项目）
5	锤击试验	GB 7251.5—2008　低压成套开关设备和控制设备　第 5 部分：对公用电网动力配电成套设备的特殊要求 试验等级：钢制角状物 5kg，高度 0.4m；钢球 2kg，高度 1m，冲击能量 20J（新增项目）

13.9.6　IP 防护等级

一般户外安装设备 IP 防护要求为 IP65，考虑到继电保护装置可靠性要求，装置的 IP 防护等级应满足 IP67 的要求。其中第一特性为 6，即最严酷等级，无灰尘进入；第二特性为 7，即次严酷等级，防短时浸泡，暂时浸泡在 1m 深水中不会对装置造成影响。综合考虑选取 IP67 可满足就地化保护运行要求。

13.9.7　盐雾要求

就地化保护装置耐盐雾应满足 96h 以上。测试时依据标准 GB/T 2423.17—2008《电工电子产品基本环境试验规程　试验 KA 盐雾试验方法》，试验周期 96h，盐溶液的浓度为（5+1）%（质量比）。

13.9.8　太阳辐射

依据标准 GB/T 2423.24—2022《电工电子产品环境试验　第 2 部分：试验方法 试验 S：模拟地面上的太阳辐射及太阳辐射试验和气候老化试验导则》，24h 为一循环，照射 8h、停照 16h，持续 72h。该照射程序每循环总辐射量为 $8.96kWh/m^2$，约相当于最严酷的自然条件，为标准推荐的主要关注热效应时采用程序。

13.9.9　接地要求

由于工作电气环境恶劣，就地化保护及其相关回路需要通过合理、良好的接地来保证设备安全和人身安全。

（1）取消全站二次等电位接地网，屏柜和端子箱直接与变电站主接地网相连。

（2）开关场设备至就地端子箱间的二次电缆在外部设置金属管，金属管两端接地。

（3）就地保护装置通过外壳接地螺钉与主接地网连接。

（4）预制电缆铠装层两端接地，一端在端子箱内与主接地网直接相连，另一端与就地保护装置连接器外壳可靠连接，通过就地保护机箱外壳接地。

（5）预制电缆屏蔽层单端接地，屏蔽层装置侧与连接器金属外壳相连，通过就地保护机箱外壳接地。

接地如图 13-45 所示。

13.9.10　连接器要求

保护设备直接无防护安装于或与一次设备集成安装，其特征是工作环境严酷，对接口防护能力、防盐雾能力提出了较高要求。保护设备现场安装尤其是安装在断路器机构箱附近时，需要具备高性能的抗振动和冲击的能力。

就地化二次设备要求实现更换式检修，实现各个厂家同种类型设备的互换，必须解决接口标准化的问题，一方面需要实现设计接口定义的标准化，另一方面需要实现接口形式的标准化（即不同厂家设备互换）；提升安装环节效率：目前变电站施工现场需要大量熔纤、配线，易出错，效率低，调试的大部分工作都是在排查接线正确性。当装置采用标准连接器预制对外接口后，安装简单，整站二次设备安装时间大幅缩短；调试环节：标准化的接口提升专业化检修中心利用自动测试技术等提高测试效率；全站保护配置、调试完毕后发往现场，现场经整组传动后即可投运，调试时间大幅缩短。

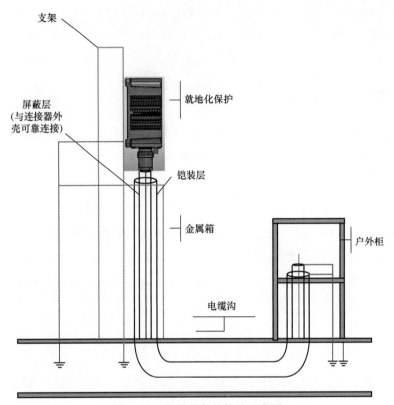

图 13-45 就地化保护接地示意图

基于以上因素考虑，对连接器提出以下要求：

（1）装置接口采用专用电连接器和专用光纤连接器形式，通过预制电缆与预制光缆实现对外连接。

（2）电连接器与光纤连接器应具有唯一性标志，标志应清晰、耐久、易于观察。

（3）装置各个电连接器与光纤连接器之间应具有物理防误插措施，包括本连接器不同方向以及不同连接器之间可能出现的防误插措施。

（4）装置采用标准信息接口。

（5）电连接器的线径：除交流电流为 2.5mm² 以外，其余均不小于 1.5mm²；光连接器芯径：单模 0.9μm，多模 62.5μm。

（6）连接器的防护等级为 IP67。

（7）连接器的耐盐雾能力 196h 以上。

连接图如图 13-46 所示。

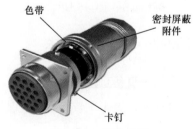

图 13-46 连接器图

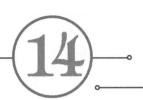

14 工具自动配置

本章介绍了就地化保护自动配置工具的技术方案，具体讲述了一体化配置工具的技术规范以及系统架构、工程输入、配置功能设计、配置校验、工程输出、上传下装等方案。

14.1 智能变电站继电保护技术规范

从 2007 年起，国家电网公司以继电保护在智能变电站中的应用为契机，开展了智能变电站相关技术规范的制定工作。智能变电站继电保护标准体系涵盖了继电保护功能应用模型和技术规范、相关设备技术规范、工程文件及其配置规范和检验测试类规范等内容，对继电保护工程应用中涉及的设计、研制、验收、安装、测试以及检修等方面作出全面和规范的指导。

为实现智能站设计、工程集成的标准化及规范化，一体化配置工具与现有智能变电站标准体系中的设备模型、工程文件、配套工具等技术规范紧密相关，现从这三个方面对智能变电站标准体系进行梳理。

14.1.1 设备模型类技术规范

设备模型类技术规范的建立解决了智能变电站继电保护工程实践的基本问题，是一体化配置工具实现批量、自动等高级应用功能的数据模型基础，主要包括以下标准：

Q/GDW 426—2010 智能变电站合并单元技术规范

Q/GDW 428—2010 智能变电站智能终端技术规范

Q/GDW 695—2011 智能变电站信息模型及通信接口技术规范

Q/GDW 1161—2014 线路保护及辅助装置标准化设计规范

Q/GDW 1175—2013 变压器、高压并联电抗器和母线保护及辅助装置标准化设计规范

Q/GDW 1396—2012 IEC 61850 工程继电保护应用模型

Q/GDW 1429—2012 智能变电站网络交换机技术规范

Q/GDW 1808—2012 智能变电站继电保护通用技术条件

Q/GDW 11010—2015 继电保护信息规范

Q/GDW 11162—2014 变电站监控系统图形界面规范

Q/GDW 11398—2015 变电站设备监控信息规范

14.1.2 工程文件类技术规范

工程文件类技术规范的建立规范了智能变电站工程实施过程中各类配置文件的格式及内容，在一定程度上解决了工程实施过程中配置产物不可控的问题。作为一体化配置工具的输入数据源及输出产物，工程文件类技术规范是一体化配置工具应遵循的基本要求，主要包括以下标准：

Q/GDW 215—2008 电力系统数据标记语言-E 语言规范

Q/GDW 624—2011 电力系统图形描述规范

Q/GDW 1471—2015 智能变电站继电保护工程文件技术规范

Q/GDW 11662—2017 智能变电站系统配置描述文件技术规范

Q/GDW 11765—2017 智能变电站光纤回路建模及编码技术规范

14.1.3 配置工具类技术规范

配置工具类技术规范目前仅涉及 Q/GDW 11485—2016《智能变电站继电保护配置工具技术规范》和 T/CEC 492—2021《智能变电站继电保护配置工具技术规范》，前者对系统配置工具和 IED 配置工具进行了规范，规定了智能变电站继电保护配置工具的技术要求和测试内容；后者规定了智能变电站二次回路设计软件的要求，提高二次光纤回路及虚回路设计效率规范。

14.2 一体化配置工具的系统标准和功能

目前各个厂家现有的智能变电站配置工具功能差异较大，更换二次设备集成商带来的再配置工作量较大，无法为变电站的设计、验收、运维提供一个方便统一的配置工具。因此有必要为设计、配置、运维人员提供一个方便统一的智能变电站一体化配置工具。

本章重点在于规范智能变电站一体化配置工具的标准和功能，通过建立通用设计集成配置环境，实现一次设计、二次配置、装置配置和专用配置间的信息共享与工作协同。从源端实现变电站信息模型的统一构建，减少后台监控、数据通信网关机及测控保护 IED 等子系统或装置的再配置建模工作，实现多个子系统的统一配置，强化与站内系统的协调和对调控主站的支撑作用，提升工具系统使用的安全性、便捷性和智能化水平。

14.2.1 软、硬件环境

智能变电站一体化工具配置的操作系统软件要求 64 位 WIN7 及以上操作系统或 Linux 系统；硬件平台采用 CPU 的主频应大于等于 2.5GHz、内存应大于等于 4GB，硬盘应大于等于 500GB。

14.2.2 文件接口

智能变电站一体化配置工具涉及的文件包括 ICD、CID、CCD、SCD、SSD、SPCD、CSD、CIM、CIM/G、SVG 等多种文件。工具应导入导出模型配置文件，上传下装装置、交换机所需模型配置文件，并提供主站和子站等其他自动化系统所需模型配置文件。其系统边界及主要文件接口如图 14-1 所示。

14.2.3 通信接口

智能变电站一体化配置工具能够上传下装装置、交换机所需的模型配置文件。

（1）通过装置的调试口采用 FTP 方式通信，上传下装 CID/CCD 文件。

（2）通过 MMS 通信口采用 DL/T 860 MMS 通信的文件服务方式上传 CID/CCD 文件。

（3）通过交换机的 MMS 通信口采用 DL/T 860 MMS 通信的文件服务方式上传 ICD/CID/CSD 文件，上传版本信息；也可静态配置。

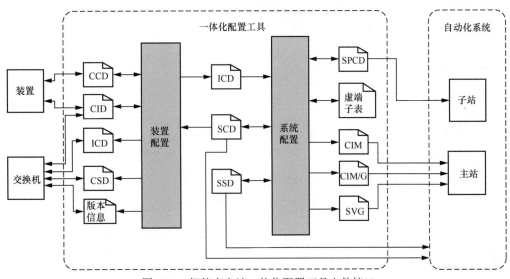

图 14-1　智能变电站一体化配置工具文件接口

14.2.4　功能架构

智能变电站一体化配置工具以 IED 配置、系统配置工具为基础，应满足智能站的设计、配置、运维、管理等工作过程中对提高配置工作效率、可视化程度、管控技术手段的需求。一体化配置工具建立通用集成配置环境，实现系统配置、装置配置和专用配置间的信息共享与工作协同；负责电气主接线、变电站功能、运行参数、设备间数据流、网络架构及拓扑结构等的配置，能够按照变电站自动化系统工程实施的需要，设计变电站一次接线图，创建智能电子设备实例，工程化设备配置，并进行一、二次设备绑定，网络信息配置等。负责模型文件的存储、验证、变更、审核等管理。

智能变电站一体化配置工具主要功能模块包括：工程输入、配置功能、配置校验、工程输出、上传下装、可视化等，其功能架构如图 14-2 所示。

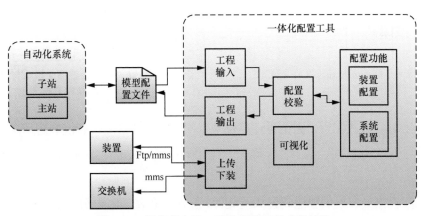

图 14-2　智能变电站一体化配置工具功能结构

14.3 工　程　输　入

一体化配置工具应在支持 IEC 61850 标准的文件导入功能的基础之上，结合国内变电站设计、实施、运维管理的实际需求情况，提供其他类型配置文件导入功能，以方便配置人员、工程调试人员、运行维护人员配置、浏览、检索配置信息。

14.3.1　基本要求

（1）一体化配置工具的输入文件类型包括智能装置清单文件、装置关系表、虚端子联系表文件、虚端子模板、ICD 文件、SPCD 文件、SSD 文件、SCD 文件。

1）智能装置清单文件、装置关系表、虚端子联系表文件、每个智能装置的 ICD 文件、虚端子模板是开展自动化配置工作的必备输入文件；

2）为使一体化配置工具生成的 SCD 文件中含一次系统拓扑及描述，输入文件应包含 SSD 文件；

3）为使一体化配置工具生成配套的物理回路描述信息，输入文件应包含 SPCD 文件；

4）一体化配置工具还应支持导入 SCD 文件，以应对无法提供智能装置清单文件、装置关系表、虚端子联系表文件的工程，例如大量已投运智能变电站。提供 SCD 文件时，可以不提供智能装置清单文件、虚端子联系表文件；如果提供 SCD 文件的同时也提供了智能装置清单文件、装置关系表、虚端子联系表文件，则一体化配置工具应首先进行一致性检查。

（2）输入文件之间的依赖性关系如图 14-3、图 14-4 所示，一体化配置工具应依据此关系描述进行一致性检查，同时各类输入文件应按照此先后顺序开展编制和修改工作，底层文件变动后需及时通知上层文件的编辑人员以保证一致性。

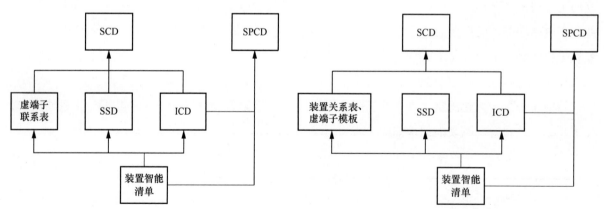

图 14-3　利用虚端子联系表与输入文件之间的依赖性关系图　　　图 14-4　装置关系表、虚端子模板与输入文件之间的依赖性关系图

（3）对于改扩建、技改工程，无论设计单位是否同一家，其给出的智能装置清单文件、虚端子联系表文件在内容上应有连续性、继承性，确保一体化配置工具生成的 SCD 文件"不应该变的一定不能变"。

（4）一体化配置工具应提供智能装置清单文件、装置关系表、虚端子联系表文件的差异比较功能，以及时发现继承性等问题。

（5）一体化配置工具宜提供智能装置清单文件、装置关系表、虚端子联系表文件的编辑、生成功能，供设计人员使用或比对。

（6）各类输入文件必须成套提供，文件之间应有一致性保证，包括但不局限于虚端子联系表文件、SPCD 文件中出现的 IEDName 必须与智能装置清单文件一致、智能装置清单文件中指定的 ICD 文件必须存在、SSD 文件中的一次设备名称必须与智能装置清单文件中的相应描述一致等。

（7）一体化配置工具应具备对各类输入文件自身的检查、校验功能，以及对成套输入文件的一致性进行核查的功能。检查、校验结果分错误、警告、提醒三种类型，未发现错误时，才允许使用一体化工具开展配置。检查、校验结果应生成报告，供用户下载。

14.3.2　输入文件具体要求

1. 智能装置清单文件

智能装置清单文件描述了变电站内智能装置的构成情况，每个智能装置的厂家、型号、唯一性编码（IEDName）、关联的一次设备、引用的 ICD 文件等信息，是开展一体化配置的基础文件（或头信息文件），一般由设计单位给出。

鉴于互操作关系、通信参数等均基于 IEDName 生成或表达，为保证后续变电站改扩建工程所用 SCD 的稳定性、可用性，避免现场不必要的配置下装及验证，智能装置清单文件的提供方及生成工具应确保在修改已有清单文件时 IEDName 的继承性。设计单位应满足以下要求：

（1）修改未涉及的智能装置 IEDName 一定不能变化；

（2）修改涉及的智能装置 IEDName 也要保持稳定，即除非新增装置，其他情况下（含厂家、型号、ICD 等的变更）IEDName 均不应发生改变；

（3）对于删除的智能装置，其 IEDName 不应再次使用（或经评价不影响配置结果时，才能使用）；

（4）智能装置清单文件具备的字段如表 14-1 所示。清单文件模板如表 14-2 所示。

表 14-1　　　　　　　　　　　　智能装置清单文件具备的字段

序号	字段名称	数据类型	说明
1	二次设备	字符串	对应 SCD 中 IED 的 desc 属性
2	IEDName	10 个字符的字符串	智能装置唯一性编码
3	通信识别码	1～1023（十进制）	智能装置的识别码
4	过程层网络	A、B、AB	过程层网络；A：A 网，B：B 网
5	一次设备	字符串	关联的一次设备
6	ICD 文件	字符串	ICD 文件引用路径
7	变化描述	字符串	新增/修改/删除/不变

注　1　通信识别码：范围为 1～1023，表示装置的智能装置的识别码，根据该码自动生成通信参数。

　　2　过程层网络：表示过程层网络分配，其中，A 表示 A 网，B 表示 B 网，AB 表示分配 A 网络和 B 网络，如果不存在该子网为空则可。

表 14-2   清单文件模板

序号	字段名称	数据类型	说明
1	二次设备	220kV 线路 1 保护 A 套	对应 SCD 中 IED 的 desc 属性
2	IEDName	P_L2201A_0	智能装置唯一性编码
3	通信识别码	100	智能装置的识别码
4	过程层网络	AB	过程层网络；A 为 A 网，B 为 B 网
5	一次设备	220kV 线路 1 断路器	关联的一次设备
6	ICD 文件	./ICD/220/NZB-750A-JG-G-V1.00-875D7407.icd	ICD 文件引用路径
7	变化描述	新增	新增/修改/删除/不变

2. 装置关系表

装置关系表提供了装置之间的虚端子连接关系，也明确了装置之间的虚端子连接关系，例如说明了线路保护和母线保护间、变压器保护和母线保护间、分段保护和母线保护间、主变压器保护和分段保护间直接的虚端子连接关系，为虚端子自动配置的实现提供了装置间连接关系信息。装置关系表如表 14-3 所示。

表 14-3   装置关系表

接收装置	物理端口	发送装置	物理端口
220kV 母线第一套保护（子机 1）P_M2201A_1	3-A（发） C-4（收） C-5（发） C-6（收）	220kV 线路 1 第一套保护 P_L2201A_0	C-7（发） C-8（收） C-9（发） C-10（收）
	C-3（发） C-4（收） C-5（发） C-6（收）	220kV 线路 2 第一套保护 P_L2202A_0	C-7（发） C-8（收） C-9（发） C-10（收）
220kV 母线第一套保护（子机 2）P_M2202A_2	C-3（发） C-4（收） C-5（发） C-6（收）	220kV 线路 3 第一套保护 P_L2203A_0	C-7（发） C-8（收） C-9（发） C-10（收）
	C-3（发） C-4（收） C-5（发） C-6（收）	220kV 线路 4 第一套保护 P_L2204A_0	C-7（发） C-8（收） C-9（发） C-10（收）
220kV 母线第二套保护（子机 1）P_M2201B_1	C-3（发） C-4（收） C-5（发） C-6（收）	220kV 线路 1 第二套保护 P_L2201B_0	C-7（发） C-8（收） C-9（发） C-10（收）
	C-3（发） C-4（收） C-5（发） C-6（收）	220kV 线路 2 第二套保护 P_L2202B_0	C-7（发） C-8（收） C-9（发） C-10（收）
220kV 母线第二套保护（子机 2）P_M2202B_2	C-3（发） C-4（收） C-5（发） C-6（收）	220kV 线路 3 第二套保护 P_L2203B_0	C-7（发） C-8（收） C-9（发） C-10（收）
	C-3（发） C-4（收） C-5（发） C-6（收）	220kV 线路 4 第二套保护 P_L2204B_0	C-7（发） C-8（收） C-9（发） C-10（收）

3.　ICD文件

一体化配置工具应支持导入 ICD 文件，并保留 ICD 文件中的私有信息，既可在实例化新的 IED 时导入，也可针对已经实例化的 IED 重新导入 ICD 文件。导入 ICD 文件时除了需要进行针对 ICD 文件的正确性校验之外，还需要进行数据类型模板的冲突检查，当发现导入的 ICD 文件的数据类型模板中有 LNodeType、DOType 或者 DAType 与当前工程中的数据类型模板部分有冲突时，提示用户进行避免冲突的处理，比如通过指定需要增加的前缀对 ICD 文件中的数据类型进行重命名。

对于实例化新的 IED 时导入 ICD 文件而言，需要在导入时指定 IED 的实例化名称，选择 MMS、GOOSE、SV 归属子网。

对于更新 IED 时重新导入 ICD 文件的情况，除了进行针对文件的校验之外，还需要询问用户是否保留已配置的信息及 ICD 中不存在的信息，具体包括：①已配置的通信参数信息；②已配置的虚端子关联信息；③已配置的数据集成员描述信息；④保留在 SCD 中存在的而在 ICD 中不存在的数据集；⑤保留在 SCD 中存在的而在 ICD 中不存在的 GOOSE 控制块；⑥保留在 SCD 中存在的而在 ICD 中不存在的 SV 控制块；⑦保留在 SCD 中存在的而在 ICD 中不存在的 Inputs；⑧保留在 SCD 中存在的而在 ICD 中不存在的报告控制块；⑨不导入 ICD 中存在的控制块信息。

重新导入 ICD 文件操作处理类似于 IID 文件的导入，需要提示用户是否保留现已配置的信息，具体包括：①已配置的通信设置信息；②已配置的虚端子关联信息；③已配置的数据集描述；④IED 的实例化名称是否需修改。

4.　SCD文件

一体化配置工具应支持导入任何一个标准的 SCD 文件，导入 SCD 文件时进行校验，如发现问题则向用户给出提示。

5.　虚端子联系表文件

虚端子表文件记录了变电站二次设备所有的虚端子关联关系信息，一体化配置工具应支持导入虚端子表文件，自动生成装置之间的虚回路信息以便提高配置效率。虚端子表文件的格式可采用 Excel 表格。也可采用 XML 格式，也可采用 CIM-E 格式。XML 或 CIM-E 格式的虚端子表文件内容与 Excel 格式的虚端子表文件的内容从模型角度看并无区别。

Excel 格式的虚端子表文件以一个间隔为一个文件，一个装置为一个 Sheet，每个 Sheet 中包含 GOOSE 连接关系和 SV 连接关系，至少包含以下 9 列：接收装置、接收虚端子、接收虚端子描述、接收端口、接收软压板、发送虚端子、发送虚端子描述、发送装置、发送软压板。

在尚未配置过虚端子关联关系的情况下，导入虚端子表可直接建立装置之间的虚端子关联关系。而在已配置了虚端子关联关系的情况下，执行重新导入虚端子表的操作，就需要将重新导入的虚端子关联关系和现有的虚端子关联配置进行比较，列举出差异供用户判断，差异应包括：

（1）接收虚端子的现有关联配置在重新导入的虚端子表文件中不存在；

（2）接收虚端子的现有关联配置在重新导入的虚端子表文件中有变化，即关联的发送虚端子不一致；

（3）接收虚端子在现有关联配置中没有配置关联的发送虚端子，但是在重新导入的虚端子表文件中有关联发送虚端子；

（4）发送虚端子的现有关联配置在重新导入的虚端子表文件中不存在；

（5）发送虚端子的在重新导入的虚端子表文件中新增。

6. SSD文件

SSD 文件记录了变电站系统的一次设备模型信息，一体化配置工具应支持导入，并且能够以图形化方式展示一次主接线图。导入 SSD 文件时进行校验，如发现问题则向用户给出提示。

7. SPCD文件（可选）

一体化配置工具可支持导入遵循相关标准的变电站物理配置描述文件 SPCD 文件以对全站物理回路设计结果进行展示。为了能够显示虚回路和实回路的对应关系，在导入 SPCD 文件时需要进行 SPCD 文件中的 IED 与工程数据的一致性检查。导入 SPCD 文件时校验，如发现问题则向用户给出提示。

8. 私有属性处理

以上 1.～7.所有的导入操作，均要保证原有的私有属性信息不丢失、不篡改。

14.4 配置功能设计

14.4.1 装置名称自动生成规则

装置名称（IED name）采用 5 层结构命名：IED 类型、归属设备类型、电压等级、归属设备编号、间隔内同类装置序号（IED 编号）。

（1）IED 类型：变电站自动化系统中实现不同功能的二次设备类型；

（2）归属设备类型：IED 实现功能或归属的一次设备类型；

（3）电压等级：IED 实现功能或归属的一次设备电压等级；

（4）归属设备编号：IED 实现功能或归属的一次设备的站内编号，宜参照设计阶段设备编号，而不宜使用正式调度编号时，避免出现后期调度编号发生改变而修改 IED name；

（5）间隔内同类装置序号（IED 编号）：IED 的间隔内编号。

IED name 由上述 5 个部分按照现场实际自由组合而成，全部设备采用 10 个字符编码，当不存在子机时，末尾字符为 0，IED name 命名表如表 14-4 所示。

表 14-4 IED name 命名表

第1字符	第2字符	第3字符	第4字符	第5字符	第6字符	第7字符	第8字符	第9字符	第10字符
IED 类型	归属设备类型	电压等级		归属设备编号		IED 编号	子机序号		
A_（辅助装置/auxiliary）	A（避雷器）	00（公用）		同线路编号规则		A（第一套）	_n 为子机序号，不存在子机时为 0		
A（交直流一体化电源/Integrated power）	B（断路器）	04（380V）		500kV 等级为对应开关编号后两位如 31，表示第三串第一个开关		B（第二套）			
C_（测控装置/control）	C（电容器）	10（10kV）		同线路编号规则		C（第三套）			

续表

第1字符	第2字符	第3字符	第4字符	第5字符	第6字符	第7字符	第8字符	第9字符	第10字符
CM（在线状态监测/condition monitoring）		D	66（66kV）				D（第四套）		
D_（行波测距/distance）		E	35（35kV）				X（单套）		
E_（电能表/energy meter）		F	11（110kV）						
F_（保信子站/faultinformation）		G（接地变压器）	22（220kV）		同线路编号规则				
I_（智能终端/intelligent terminal）		H	33（330kV）						
IN（非电量和智能终端合一/NQ-IT）		I	50（500kV）						
L_（过负荷联切/over load）		J（母联）	75（750kV）		01为母联一、02为母联二				
M_（合并单元/merging）		K（母分）	T0（1000kV）		同母联编号规则				
MI（合并单元和智能终端合一/MU-IT）		L（线路）			500kV等级主变压器、线路、高抗间隔为对应边开关编号后两位，如31表示该线路所对应的边开关为5031；220kV及以下等级按照间隔顺序如01、02				
P_（保护/protect）		M（母线）			母线01为一母，02为二母，12为I/II母				
PS（短引线保护/short-lead）		N							
PC（保护和测控合一/protect-control）		O							
PP（同步相量测量装置/phasor）		P							
RF（故障录波器/fault record）		Q							
RN（网络记录分析仪/network message record）		R							
RM（故录和网分合一/FR-RN）		S（站用变压器）			同线路编号规则				
S_（稳控/stability）		T（主变压器）			同线路编号规则				
SP（备自投/stand-by power）		U							
SF（低周减载/Underfrequency）		V（虚拟间隔）							
SW（交换机/switch）		W							
SC（同步时钟装置/clock）		X（电抗器）			同线路编号规则				
T_（远动机/Remote Terminal）		Y							

注　括号内为名称的注释或关键词，无注释的部分为备用。主变压器及本体IED归属于高压侧电压等级，主变压器各侧IED归属于各侧电压等级。母设作为间隔归属于其电压等级。采集某电压等级范围的故障录波归属于同电压等级的母线（全站公用故障录波归属最高电压等级）。主变压器故障录波归属于主变压器高压侧电压等级间隔。采集全站范围的PMU等公用IED归属于站控层间隔类型。未考虑直流输变电系统情况。

14.4.2 通信参数自动生成规则

设备编码一共有 16 位二进制编码组成，设备编码表如表 14-5 所示。

表 14-5   设备编码表

0	1	2	3	4	5	6	7	8	9	10	11	12	13	14	15
GOOSE/SV		通信识别码									控制块				
00:GOOSE 01:SV		将十进制通信识别码转换为对应的 10 位二进制编码 范围为：0000000000～1111111111									0000：控制块 1 0001：控制块 2 … 1111：控制块 16				
设备编码：00+通信识别码+0000，为二进制编码															

1. 通信网络生成规则

子网（SubNetwork）按物理网络划分，全站子网划分成站控层网络和过程层网络两种类型，站控层网络和过程层网络按照电压等级划分，子网命名规则如图 14-5 所示。

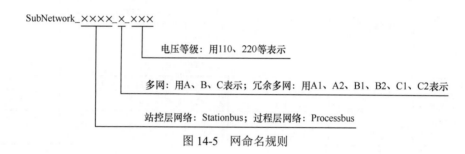

图 14-5 网命名规则

通信子网名称统一以 SubNetwork 名称为前缀；第二字段表示站控层网络或者过程层网络，分别用 Stationbus、Processbus 表示；第三字段表示子网类型，例如"_A"代表 A 网，"_B"代表 B 网，"_U"或""代表单网，冗余网络通过添加字母后缀表示，例如"_C1""_C2"；第四字段表示电压等级，例如为"_110""_220""_500"。同一类通信子网内设备访问点下，只包含与其子网命名相符的控制块。

2. MMS配置

MMS 配置要求如下：

（1）MMS 通信参数应配置 IP、IP-SUBNET 等，且 IP 应全站唯一，范围为：0.0.0.0～255.255.255.255。

（2）IP-SUBNET 与 IP-GATEWAY 的默认地址为 255.255.0.0。

（3）IP 地址采用标准的 C 类地址时，使用 192.168.Y.N 地址格式；IP 地址采用标准的 B 类地址时，使用 172.X.Y.N 地址格式。

（4）IP 地址的第二字段"X"，遵循 A、B、C1、C2 网络。A 网：16；B 网：17；C1：21；C2：22；单网使用"20"；A 网交换机使用"18"，B 网交换机使用"19"，C 网交换机使用"23"，单网交换机使用"30"。

（5）IP 地址的第三字段"X"和第四字段"N"，根据设备编码 16 位二进制字段，拆分为两个 8 位的二进制字段，对应转为 2 个十进制字段，分别对应 IP 地址的 Y 和 N 字段。

3. GOOSE配置

GOOSE 配置要求如下：

（1）GOOSE 通信参数应配置：目的 MAC-Address、appID、APPID、confRev、VLAN-ID、VLAN-Priority、MinTime、MaxTime 等。

（2）目的 MAC-Address、APPID 等 GOOSE 通信参数应全站唯一。

（3）VLAN-Priority 为 1 位十六进制值，范围：0～7，默认值为 6。

（4）MinTime 和 MaxTime 的默认值分别为 2ms 和 5000ms。

（5）VLAN-ID 为 3 位十六进制值，范围：0x000～0xFFF，初始赋值 000。

（6）目的 MAC-Address 为 12 位十六进制值，其范围为 0x01-0C-CD-01-00-00～0x01-0C-CD-01-FF-FF。

（7）APPID 为 4 位十六进制值，其范围为 0x0000～0x3FFF。

（8）GOOSE 控制块二进制唯一编码为 00+通信识别码二进制编码+GOOSE 控制块编码，根据二进制编码转换为对应的十六进制四字段编码，则为该 GOOSE 控制块的 APPID 值，然后将该十六进制两个字段一组，为该 GOOSE 控制块的 MAC-Address 的最后两个字段。

4. SV配置

SV 配置要求如下：

（1）SV 通信参数应配置：目的 MAC-Address、APPID、VLAN-ID、VLAN-Priority 等。

（2）目的 MAC-Address、smvID、APPID 等 SV 通信参数应全站唯一。

（3）VLAN-Priority 为 1 位十六进制值，范围为 0～7，默认值为 4。

（4）VLAN-ID 为 3 位十六进制值，范围为 0x000～0xFFF，初始赋值 000。

（5）目的 MAC-Address 为 12 位十六进制值，范围为 0x01-0C-CD-04-00-00～0x01-0C-CD-04-FF-FF。

（6）APPID 为 4 位十六进制值，范围为 0x4000～0x7FFF。

（7）SV 控制块二进制唯一编码为：00+通信识别码二进制编码+SV 控制块编码，根据二进制编码转换为对应的十六进制四字段编码，则为该 SV 控制块的 APPID 值，然后将该十六进制分为两组，为该 SV 控制块的 MAC-Address 的最后两个字段。

5. 配置说明

配置说明如下：

（1）根据通信识别码生成通信参数。

【例】 对于 220kV 支路 7 保护装置 A 套，通信识别码为 100，由通信识别码对应的 10 位二进制编码为 0001100100。

1）IP 地址生成。根据通信识别码二进制编码，生成设备编码：00+通信识别码+0000，二进制编码为：0000011001000000，然后将 16 位二进制编码分为两个 8 位的二进制字段，将 8 位的二进制分别转为十进制字段的 6 和 64，对应 IP 地址的 Y 和 N 字段。如果是 B 类地址 A 网时，则 IP 地址为：172.16.6.64。如果是 C 类地址时，则 IP 地址为：192.168.6.64。

2）GOOSE 通信生成。如果存在 GOOSE 控制块，对于第二个 GOOSE 控制块，根据通信识别码二进制编码，生成该 GOOSE 控制块编码：00+通信识别码+0001,二进制编码为 0000011001000001，每四个字段对应一个十六进制数据，对应的编码为 0641。对应的 MAC-Address 地址为 0x01-0C-CD-01-06-41，对应的 APPID 为 0641。

3）SV 通信生成。如果存在 SV 控制块，对于第二个 SV 控制块，根据通信识别码二进制编码，生成该 GOOSE 控制块编码：01+通信识别码+0001,二进制编码为 0100011001000001，每四个字段对应一个十六进制数据，对应的编码为 4641。对应的 MAC-Address 地址为 0x01-0C-CD-04-46-41，对应的 APPID 为 4641。

（2）根据通信参数逆向生成通信识别码，该功能可用于验证新增的 IED 通信识别码是否存在，以及其唯一性。

（3）通过 IP 生成通信识别码首先判断该 IED 是否存在 IP 地址，如果存在 IP 地址，获取 IP 地址的 Y 和 N 字段，例如 IP 地位为 172.16.6.64，Y 和 N 字段分别为 6 和 64，分别转换为对应的 8 位二进制字段：00000110 和 01000000，然后由这两个 8 位二进制字段组成设备编码：0000011001000000，从左到右获取第 3 到 12 字段，作为通信识别码的二进制编码：0001100100，转换为十进制：100，则为该 IED 的通信识别码。

（4）通过 APPID 生成通信识别码。获取该装置的任意控制块（GOOSE/SV）的 APPID，例如：0641，对 4 位十六进制 APPID 分别转换为 4 位二进制编码，生成控制块编码 0000011001000001，从左到右获取第 3 到 12 字段为通信识别码的二进制编码：0001100100，转换为十进制：100，则为该 IED 的通信识别码。

14.4.3　虚端子自动生成

虚端子自动生成分为两种方式如下：

（1）支持手动通过导入虚端子表文件，自动生成虚端子链接关系。

（2）支持根据虚端子模板自动生成虚回路信息，生成规则为：

1）用户选择需要使用的配置规则模板，包括智能变电站装置连接模板文件和虚端子连接模板文件配置工具自动导入 ICD 文件，创建 IED，并自动配置 GOOSE 和 SV 发送控制块的 APPID 和 MAC 地址等参数。

2）解析 SSD 或加载"装置关系表文件"，获取全站装置的连接关系。

3）加载全站间隔模板文件"虚端子模板"，获取间隔之间回路信息，包括间隔内的二次设备连接关系、线路间隔与母线之间连接关系、线路间隔与主变压器之间连接关系。

4）根据各个装置之间联系与虚端子模板信息，自动生成虚回路信息。

14.4.4　手动修改配置信息

配置功能支持手动修改虚端子信息，且支持手动修改通信参数信息，例如修改 IP 地址、MAC 地址、APPID 等通信参数信息，宜遵循设备内编号连续性原则。

14.5 配 置 校 验

一体化配置工具应能对 ICD、SCD、SSD、SPCD 等文件进行合法性检测，主要是语法和一致性等方面的校验，并将检测结果以表格的形式提示给用户。一体化配置工具应提供相应的 Schema 检查、模板冲突检查、一致性检查、通信参数校验、实例化检查、数据集引用检查、控制块引用检查、Inputs 信号引用检查、数据模板引用检查、重复模板检查、命名规范检查、拓扑校验、完整性检查功能，一体化配置工具必备功能描述如表 14-6 所示。一体化配置工具可供相应的 IED 模型在线检查、版本号与校验码在线检查、IED 修改影响波及分析功能，一体化配置工具可选功能描述如表 14-7 所示。

表 14-6 一体化配置工具必备功能描述

功能项	描述
Schema 检查	根据 SCL Schema 检查 ICD、SCD、SSD 文件语法
	根据 Schema 检查 SPCD 文件语法
模板冲突检查	检查导入 ICD 的数据模板与现有模板名称、数据成员、数据类型、数据值等有无冲突，提供忽略、替换、增加前缀/后缀（重命名）等解决方法
一致性检查	检查 SSD 与 SCD 的一致性
	检查 SCD 与 SPCD 中 IED、物理端口一致性
通信参数校验	检查 MMS 子网的 IP 地址有无重复，检查 GOOSE/SMV 子网的 MAC 地址和 APPID 有无重复
实例化检查	检查逻辑节点对应的 LNodeType 数据、DOI、SDI、DAI 等模板定义是否一致
数据集引用检查	检查数据集中各条数据项在相应的 ICD 模型定义中是否存在
控制块引用检查	检查 Report、Log、GOOSE、SMV 等控制块引用的数据集是否存在
Inputs 信号引用检查	检查 GOOSE、SMV 信号关联的内外部虚端子是否正确
数据模板引用检查	检查 LNodeType、DOType、DAType、EnumType、EnuVal 等是否正确
重复模板检查	检查重复的 LNodeType、DOType、DAType、EnumType、EnuVal 等
命名规范检查	检查命名是否符合规范
拓扑校验	检查 SSD 中拓扑关系是否正确
完整性检查	一、二次关联的完整性

表 14-7 一体化配置工具可选功能描述

功能项	描述
IED 模型在线检查	在线读取 IED 模型并进行检查核对
版本号与校验码在线检查	在线读取版本号及校验码并进行检查核对
IED 修改影响波及分析	根据配置修改分析影响范围，并生成波及分析报告

14.5.1 ICD 文件校验

一体化配置系统配置工具可对 ICD 文件进行语法及语义的校验，其中语法校验主要根据 Schema 规则进行校验，语义校验根据 ICD 文件的具体配置内容进行解析，分结构分层次的全面校验。在校验完成后可生成相应的详细校验结果文件，校验结果文件可清晰明确的显示具体的错误信息及错误定位。

ICD 语法校验主要校验配置文件的 Schema 语法错误信息，由于 Schema 校验标准的差异性，一体化配置工具可选择不同的 Schema 规则，并根据所选择的规则进行相应的语法校验：

（1）通信信息检查，检查 ICD 文件的通信信息的正确性；

（2）通用信息检查，检查 IED 配置属性信息的正确性；

（3）服务信息检查，检查 IED 的服务信息配置的正确性；

（4）数据集检查，检查 IED 中各数据集配置的有效性；

（5）控制块检查，检查 IED 中控制块属性及关联关系配置正确性；

（6）逻辑节点检查，检查 IED 配置的逻辑节点的有效性及正确性；

（7）模板信息检查，检查根据所选的标准检查模板是否符合要求。

14.5.2 SCD 文件校验

1. SCL Schema语法检查

根据 Schema 检查 SCL 文件语法，Schema 文件可变更。一体化配置工具应按照 IEC 61850-6 和 Q/GDW 1396—2012 中的要求检测模型文件是否符合 SCL 语法，并将结果显示给用户，同时可定位到相应的问题文本。

SCD 文件的 SCL 语法检查包括命令空间、Header、Substation、Communicationg、IED、Data Type Templates 六部分。

检测结果的告警级别分为三类：错误、警告、提示。

2. 模板冲突检查

一体化配置工具应检查导入 ICD 的数据模板与现有模板名称、数据成员、数据类型等有无冲突。如有冲突，提供给用户以下三种可选择的解决方法：①忽略有冲突的数据模板；②替换有冲突的数据模板；③增加前缀/后缀等重命名数据模板的解决方法。

重新导入 ICD 文件操作处理除包括上述冲突检查外，需要用表格的形式展示给用户新旧对比信息，具体包括："四遥"信息、虚端子关联信息等。

14.5.3 通信参数校验

一体化配置工具应检查 MMS 子网中 IP 地址有无重复，保证同一个子网节点下，一个 IED 的访问点只关联一个 ConnectAP 节点；检查 GOOSE/SMV 的 MAC 地址和 APPID 有无重复，检查通信参数的唯一性和正确性。对于重复或超出合法范围的通信参数，采用重点着色和提示的方式提醒用户，以方便用户进行手工修改或采用工具自动分配。检查项包含但不限于下列内容：

（1）MMS 配置。

1）地址未配置，为初始 IP（192.168.100.100、192.168.200.100）；

2）IP 地址存在相同的。

针对以上情况，一体化配置工具应提供一键配置功能，具备 IP 地址属性值类型和范围自动限定功能；进行 IP 地址分配时，可由工程人员选择是 B 类地址还是 C 类地址。

（2）GES 配置。

1）应限制 APPID 为 4 位十六进制值，范围从 0000 到 3FFF；

2）应限制 VLAN-ID 为 3 位十六进制值；

3）MinTime 和 MaxTime 的典型数值宜为 2ms 和 5000ms；

4）MAC-Address、APPID、VLAN-ID、VLAN-PRIORITY、MinTime、MaxTime 参数可由一体化配置工具一键配置，一体化配置工具应确保 GOID、APPID 参数的唯一性。

5）具备 GSE 通信配置属性值类型和范围自动限定功能，MAC 地址为 01-0C-CD-01-00-00～01-0C-CD-01-FF-FF。

（3）SMV 配置。

1）一体化配置工具应限制 APPID 为 4 位十六进制值，范围从 4000 到 7FFF。

2）一体化配置工具应限制 VLAN-ID 为 3 位十六进制值。

3）通信地址参数可由一体化配置工具一键配置，一体化配置工具应确保 SMVID、APPID 参数的唯一性。

4）具备 SMV 通信配置属性值类型和范围自动限定功能，MAC 地址为 01-0C-CD-04-00-00～01-0C-CD-04-FF-FF。

1. 实例化检查

一体化配置工具应检查逻辑节点实例与模板的一致性。对于不满足以下情况的，一体化配置工具应给予提示或告警、错误：

（1）逻辑节点与对应的 LNodeType 一致。

（2）DOI、SDI、DAI 等与 LNodeType、DOType、DAType、EnumType 模板定义一致。

2. 数据集引用检查

一体化配置工具应检查数据集中各条数据项与模板的一致性。对于以下情况的，一体化配置工具应给予提示或告警、错误：

（1）逻辑节点与对应的 LNodeType 不一致。

（2）数据集中各条数据项在模板定义中不存在；数据集成员不存在（或内部变量名缺失）。

（3）数据集成员数量超出已声明的最大值。

3. 控制块引用检查

一体化配置工具应检查控制块与数据集的一致性，检查报告、日志、定值、GOOSE、SV 控制块引用的数据集是否存在，配置参数是否缺失、错误或重名。对于不满足以下情况的，一体化配置工具应给予提示或告警、错误：

（1）逻辑节点下的 GSEControl 同时存在于 Communication 下的访问点中。

（2）逻辑节点下的 GSEControl 中 datSet 对应的数据集同时存在于逻辑设备下。

（3）逻辑节点下的 SampledValueControl 同时存在于 Communication 下的访问点中。

（4）逻辑节点下的 SampledValueControl 中 datSet 对应的数据集同时存在于逻辑设备下。

（5）逻辑节点下的 LogControl 中 datSet 对应的数据集同时存在于逻辑设备下。

（6）逻辑节点下的 ReportControl 中 datSet 对应的数据集同时存在于逻辑设备下。

（7）GSEControl 中 appID、ReportControl 中 rptID、SampledValueControl 中 SMVID 全站唯一。

4．Inputs信号引用检查

一体化配置工具应检查虚端子发布与订阅的一致性，检查 GOOSE、SMV 信号关联的内外部虚端子是否正确。对于不满足以下情况的，一体化配置工具应给予提示或告警、错误：

（1）ldInst、prefix、lnClass、lnInst、doName、daName 的属性值在对应 iedName 的逻辑设备下的 DataSet 中存在。

（2）intAddr 不为空，并在本 IED 节点的逻辑节点中存在。

（3）GOOSE 输出是否到 DA。

（4）SV 输出是否到 DO。

5．数据模板引用检查

一体化配置工具应检查数据模板层级引用的一致性，检查 LNodeType、DOType、DAType、EnumType、EnumVal 等是否正确。对于不满足以下情况的，一体化配置工具应给予提示或告警、错误：

（1）所有 LNodeType 中引用的 DOType 都存在。

（2）所有 DOType、DAType 中引用的 EnumType 或 DAType 都存在。

6．重复模板检查

一体化配置工具应检查是否有重复的 LNodeType、DOType、DAType、EnumType、EnuVal 等。对于重复的 LNodeType、DOType、DAType、EnumType、EnuVal，一体化配置工具提供删除冲突模板或忽略冲突模板功能或增加前缀/后缀等重命名数据模板的解决方法。

7．命名规范检查

一体化配置工具应检查命名是否符合 Q/GDW 1396—2012《IEC 61850 工程继电保护应用模型》和国家电网公司相关标准，其中中文名称应符合监控的要求。对于不满足相关标准的，一体化配置工具应给予提示。

8．完整性检查

一体化配置工具应检查一、二次关联的完整性，检查每类设备下必须包含的 LNODE 是否完整。对于不满足相关标准的，工具应给予提示。

14.5.4　IED 文件校验

1. IED模型在线检查

一体化配置工具宜在线读取 IED 模型并进行检查核对。可通过 MMS 协议读取 IED 模型，与待测模型进行核对，显示"四遥"数据的差异信息，以表格的形式展示给用户。

2. 版本号与校验码在线检查

一体化配置工具宜在线读取版本号及校验码并进行检查核对。可通过 MMS 协议读取装置版本号及虚端子 CRC 校验码，与待测模型的装置版本号及虚端子 CRC 校验码进行核对，并重点着色显示差异信息。

3. IED修改影响波及分析

一体化配置工具宜根据配置修改分析影响范围，并生成波及分析报告。将上一版本与待测模型进行比对，分析受影响的间隔、IED、LD、LN 的范围，并采用可视化显示虚端子变化情况，同时生成全面的差异分析报告。

14.5.5　SSD 文件校验

一体化配置工具在已打开工程的情况下，可导入 SSD 文件，并对 SSD 文件进行校验，不应只检测自己家工具生成的 SSD，还应兼容其他厂家工具生成的 SSD。要包括其文件格式的校验和一、二次关联关系的校验，校验结果文件可清晰明确的显示具体的错误信息及错误定位。

在对 SSD 文件进行解析过程中，检查并定位格式错误，并且对文件中的一、二次设备关联关系结合当前工程模型信息进行校验，验证其配置的二次设备逻辑节点是否在工程模型中已经定义，同时校验其逻辑关系的正确性。

1. 一致性检查

一体化配置工具应检查 SSD 中拓扑关系、设备引用、逻辑节点引用等正确性。对于错误的信息给予告警。检查内容包括：

（1）检查 SSD 中变电站、电压等级、间隔、设备、子设备、连接点的层次关系是否正确。

（2）检查变电站、电压等级、间隔、设备、子设备、连接点等关联引用的设备和逻辑节点是否正确。

（3）检查 SSD 与 SCD 的一致性，检查 SSD 与 SCD 中二次设备是否一致。

2. 拓扑校验检查

拓扑校验检查包括：

（1）检查是否存在未连接的端子。

（2）检查是否存在未连接的连接点。

（3）检查一个端子是否只与一个连接点相连。

（4）检查同一设备的不同端子是否存在与同一个连接点相连。

（5）对于不满足相关标准的，一体化配置工具应给予提示。

14.5.6 物理回路文件校验（SPCD）（可选）

1. SCL Schema检查

一体化配置工具应按照《×××光纤回路规范》中的 Schema 要求检查 SPCD 文件是否符合语法，并将结果显示给用户，同时可定位到相应的问题文本。

2. 一致性检查

一体化配置工具应检查 SCD 与 SPCD 中 IED、物理端口的一致性。对于错误的信息给予告警。检查内容包括：

（1）检查 SCD 与 SPCD 中 IED 命名是否一致，IED 是否都包含完整。

（2）检查 SCD 与 SPCD 中 IED 下的物理端口命名、所属板卡、范围是否一致。

14.6 工 程 输 出

一体化配置工具不仅要支持 IEC 61850 标准的文件导出功能，还要结合国内变电站设计、配置、实施、运维管理的实际需求情况，提供方便一次设计人员、系统配置人员、工程调试人员、运行维护人员使用的配置文件信息导出功能。针对导出操作，要支持以下文件的导出：SSD、SCD、CID、CCD、CSD、SPCD、CIM、虚端子表、SVG 图形、CIM/G 图形、全站通信配置。

使用一体化配置工具完成系统配置后，需要导出有关的全站模型文件和装置模型文件等文件，供后台、装置等使用，也需要导出有关表格供用户查看。

1. 导出CCD文件

一体化配置工具应支持将当前工程中装置的虚回路配置信息导出为回路实例配置文件 CCD 文件，该文件应遵循 Q/GDW 1471—2015《智能变电站继电保护工程文件技术规范》，导出 CCD 文件时应检查相关的 GOOSE 和 SV 控制块的通信参数是否配置，如果没有配置会导出失败。

2. 导出CID文件

一体化配置工具应支持导出装置配置文件 CID 文件，且根据 Q/GDW 1396—2012 相关标准要求 CID 文件与 CCD 文件具有相同的过程层虚回路 CRC 校验码。导出 CID 功能会对导出的文件进行 Schema 校验，如果有问题则会给出提示，可以选择中止导出。

3. 导出SCD文件

一体化配置工具应支持将当前工程中所有的一、二次模型信息导出为变电站系统配置文件 SCD，SCD 文件中变电站部分满足电力行业标准 DL/T 1874—2018《智能变电站系统规格描述（SSD）建模工程实施技术规范》的要求，SCD 文件中二次部分满足电力行业标准 DL/T 1873—2018《智能变电站系统配置描述（SCD）文件技术规范》的要求；并且在生成 SCD 文件时自动生成每个 IED 的虚回路 CRC 校验码及全站虚回路 CRC 校验码。全站虚回路 CRC 校验码用于保证系统配置信息与 SCD 文件的一致性，防止由于手动或误操作等对 SCD 文件的修改。IED 的虚回路 CRC 校验码用于唯一标识虚端子连接配置信息，其计算原则应符合相关标准的要求。

4. 导出SSD文件

SSD 文件记录了变电站系统的一次设备模型信息，一体化配置工具应遵循 Q/GDW 11162—2014《变电站监控系统图形界面规范》的要求，支持以图形化方式展示和编辑一次设备模型，并支持导出变电站一次模型描述文件 SSD。一体化配置工具导出 SSD 文件时需按照校验要求检查 SSD 文件。

5. 导出虚端子表文件

虚端子表文件记录了变电站二次设备所有的虚端子关联关系信息。一体化配置工具应支持根据标准的 Excel 表、XML 模板导出装置虚端子表文件，包含装置的虚回路涉及的发送虚端子和接收虚端子的描述、引用等各项信息，同时在表格中应包含 SCD 文件中所包含的全站虚回路 CRC 校验码。格式同导入的虚端子表文件。

6. 导出CSD交换机配置文件

一体化配置工具应遵循 DL/T 860《变电站通信网络和系统》要求，支持导出交换机配置文件 CSD 文件。CSD 文件包含变电站内 IED 拓扑信息、交换机端口连接配置、端口 VLAN 配置、控制块信息等。

7. 导出SPCD文件（可选）

一体化配置工具应遵循国家标准 GB/T 37755—2019《智能变电站光纤回路建模及编码技术规范》的要求，具备物理连接设计功能，可支持导出遵循相关标准的变电站物理配置描述文件 SPCD 文件。在导出 SPCD 文件时，工具应按照校验要求检查 SPCD 文件。

8. 导出源端维护用CIM格式文件（可选）

一体化配置工具可支持导出 CIM 模型文件，CIM 文件格式应遵循 DL/T 890.301—2016《能量管理系统应用程序接口（EMS-API） 第 31 部分：公共信息模型（CIM）基础（IEC 61970-301_2003，IDT)》。

9. 导出CIM-G图形文件（可选）

一体化配置工具可支持导出 CIM-G 一次接线图文件，CIM-G 文件格式应遵循 DL/T 1230—2016《电力系统图形描述规范》。

10. 导出SVG图形（可选）

一体化配置工具应支持导出 SVG 格式的变电站一次接线图文件。SVG 格式遵循 Q/CSG 110017.38《南方电网一体化电网运行智能系统技术规范 第 3-8 部分：基于 SVG 的公共图形规范》。

11. 导出通信配置

工具应支持导出变电站所有二次设备的通信参数信息，如果是 Excel 格式则要将 MMS（其中 IEDname、IP、子网掩码为必有项）、GOOSE（其中 IEDname、MAC 地址、APPID、VLan 地址、GOOSE 控制块为必有项）、SV（其中 IEDname、MAC 地址、APPID、VLan 地址、SMV 控制块为必有项）分别保存在 3 个不同的标签页中，则导出 MMS 配置如图 14-6 所示，导出 GOOSE 配置如图 14-7 所示，导出 SV 配置如图 14-8 所示。

A 序号	B 装置名称	C 描述	D 生产厂商	E 装置型号	F MMS_IP1	G 子网掩码1	H MMS_IP2	I 子网掩码2
1	PL22011	线路保护11（智能）	GDNZ	PSL-603UA2-DG-N	192.168.6.11	255.255.255.0	192.168.7.11	255.255.255.0
2	PL22012	线路保护12（智能）	GDNZ	PSL-603UA2-DG-N-Z	192.168.6.12	255.255.255.0	192.168.7.12	255.255.255.0
3	PL22013	线路保护11（常规）	GDNZ	PSL-603UA2-N	192.168.6.13	255.255.255.0	192.168.7.13	255.255.255.0
4	PL22014	线路保护12（常规）	GDNZ	PSL-603UA2-N-Z	192.168.6.14	255.255.255.0	192.168.7.14	255.255.255.0
5	PL22021	线路保护21（智能）	SFJB	CSC-103A2-DG-N	192.168.6.21	255.255.255.0	192.168.7.21	255.255.255.0
6	PL22022	线路保护22（智能）	SFJB	CSC-103A2-DG-N-Z	192.168.6.22	255.255.255.0	192.168.7.22	255.255.255.0
7	PL22023	线路保护21（常规）	SFJB	CSC-103A2-N	192.168.6.23	255.255.255.0	192.168.7.23	255.255.255.0
8	PL22024	线路保护22（常规）	SFJB	CSC-103A2-N-Z	192.168.6.24	255.255.255.0	192.168.7.24	255.255.255.0
9	PL22031	线路保护31（智能）	XJDQ	WXH-803A2-DG-N	192.168.6.31	255.255.255.0	192.168.7.31	255.255.255.0
10	PL22032	线路保护32（智能）	XJDQ	WXH-803A2-DG-N-Z	192.168.6.32	255.255.255.0	192.168.7.32	255.255.255.0
11	PL22033	线路保护31（常规）	XJDQ	WXH-803A2-N	192.168.6.33	255.255.255.0	192.168.7.33	255.255.255.0
12	PL22034	线路保护32（常规）	XJDQ	WXH-803A2-N-Z	192.168.6.34	255.255.255.0	192.168.7.34	255.255.255.0
13	PL22041	线路保护41（智能）	CYSR	PRS-753NA2-DG-N	192.168.6.41	255.255.255.0	192.168.7.41	255.255.255.0
14	PL22042	线路保护42（智能）	CYSR	PRS-753NA2-DG-N-Z	192.168.6.42	255.255.255.0	192.168.7.42	255.255.255.0
15	PL22043	线路保护41（常规）	CYSR	PRS-753NA2-N	192.168.6.43	255.255.255.0	192.168.7.43	255.255.255.0
16	PL22044	线路保护42（常规）	CYSR	PRS-753NA2-N-Z	192.168.6.44	255.255.255.0	192.168.7.44	255.255.255.0
17	PL22051	线路保护51（智能）	NRJB	PCS-931A2-DG-N	192.168.6.51	255.255.255.0	192.168.7.51	255.255.255.0
18	PL22052	线路保护52（智能）	NRJB	PCS-931A2-DG-N-Z	192.168.6.52	255.255.255.0	192.168.7.52	255.255.255.0
19	PL22053	线路保护51（常规）	NRJB	PCS-931A2-N	192.168.6.53	255.255.255.0	192.168.7.53	255.255.255.0
20	PL22054	线路保护52（常规）	NRJB	PCS-931A2-N-Z	192.168.6.54	255.255.255.0	192.168.7.54	255.255.255.0
21	PL22061	线路保护61（智能）	GDNR	NSR-303A2-DG-N	192.168.6.61	255.255.255.0	192.168.7.61	255.255.255.0
22	PL22062	线路保护62（智能）	GDNR	NSR-303A2-DG-N-Z	192.168.6.62	255.255.255.0	192.168.7.62	255.255.255.0
23	PL22063	线路保护61（常规）	GDNR	NSR-303A2-N	192.168.6.63	255.255.255.0	192.168.7.63	255.255.255.0
24	PL22064	线路保护62（常规）	GDNR	NSR-303A2-N-Z	192.168.6.64	255.255.255.0	192.168.7.64	255.255.255.0

图 14-6　导出 MMS 配置

A 序号	B 装置名称	C 描述	D 生产厂商	E 装置型号	F 访问点名称	G 逻辑设备	H GSE控制块	I GSE_MAC	J GSE_APPI	K GSE_VLAN	L GSE_VLAN	M GSE_MinT	N GSE_MaxT
1	IE2201	母联智能终端	NRR	PCS-222IL G1	RPIT	gocb0	01-0C-CD-01-00-20	0020	001	4	2	5000
2	IE2201	母联智能终端	NRR	PCS-222IL G1	RPIT	gocb1	01-0C-CD-01-0A-0A	0A0A	001	4	2	5000
3	IE2201	母联智能终端	NRR	PCS-222IL G1	RPIT	gocb2	01-0C-CD-01-0A-0B	0A0B	001	4	2	5000
4	IE2201	母联智能终端	NRR	PCS-222IL G1	RPIT	gocb3	01-0C-CD-01-0A-0C	0A0C	001	4	2	5000
5	IE2202	分段1智能终端	NRR	PCS-222IL G1	RPIT	gocb0	01-0C-CD-01-00-21	0021	001	4	2	5000
6	IE2202	分段1智能终端	NRR	PCS-222IL G1	RPIT	gocb1	01-0C-CD-01-0A-0D	0A0D	001	4	2	5000
7	IE2202	分段1智能终端	NRR	PCS-222IL G1	RPIT	gocb2	01-0C-CD-01-0A-0E	0A0E	001	4	2	5000
8	IE2202	分段1智能终端	NRR	PCS-222IL G1	RPIT	gocb3	01-0C-CD-01-0A-0F	0A0F	001	4	2	5000
9	IE2203	分段2智能终端	NRR	PCS-222IL G1	RPIT	gocb0	01-0C-CD-01-00-22	0022	001	4	2	5000
10	IE2203	分段2智能终端	NRR	PCS-222IL G1	RPIT	gocb1	01-0C-CD-01-0A-10	0A10	001	4	2	5000
11	IE2203	分段2智能终端	NRR	PCS-222IL G1	RPIT	gocb2	01-0C-CD-01-0A-11	0A11	001	4	2	5000
12	IE2203	分段2智能终端	NRR	PCS-222IL G1	RPIT	gocb3	01-0C-CD-01-0A-12	0A12	001	4	2	5000
13	IL2201	线路1智能终端	NRR	PCS-222IL G1	RPIT	gocb0	01-0C-CD-01-00-25	0025	001	4	2	5000
14	IL2201	线路1智能终端	NRR	PCS-222IL G1	RPIT	gocb1	01-0C-CD-01-0A-19	0A19	001	4	2	5000
15	IL2201	线路1智能终端	NRR	PCS-222IL G1	RPIT	gocb2	01-0C-CD-01-0A-1A	0A1A	001	4	2	5000
16	IL2201	线路1智能终端	NRR	PCS-222IL G1	RPIT	gocb3	01-0C-CD-01-0A-1B	0A1B	001	4	2	5000
17	IL22011	线路智能终端1	GDNZ	PSIU-601IL G1	RPIT	gocb1	01-0C-CD-01-01-06	0106	001	4	2	5000
18	IL22011	线路智能终端1	GDNZ	PSIU-601IL G1	RPIT	gocb2	01-0C-CD-01-01-07	0107	001	4	2	5000
19	IL22011	线路智能终端1	GDNZ	PSIU-601IL G1	RPIT	gocb3	01-0C-CD-01-01-08	0108	001	4	2	5000
20	IL22011	线路智能终端1	GDNZ	PSIU-601IL G1	RPIT	gocb4	01-0C-CD-01-01-09	0109	001	4	2	5000
21	IL2202	线路2智能终端	NRR	PCS-222IL G1	RPIT	gocb0	01-0C-CD-01-00-26	0026	001	4	2	5000
22	IL2202	线路2智能终端	NRR	PCS-222IL G1	RPIT	gocb1	01-0C-CD-01-0A-1C	0A1C	001	4	2	5000
23	IL2202	线路2智能终端	NRR	PCS-222IL G1	RPIT	gocb2	01-0C-CD-01-0A-1D	0A1D	001	4	2	5000
24	IL2202	线路2智能终端	NRR	PCS-222IL G1	RPIT	gocb3	01-0C-CD-01-0A-1E	0A1E	001	4	2	5000
25	IL22021	线路智能终端2	SIFANG	CSD601 G1	RPIT	GOCB1	01-0C-CD-01-02-06	0206	001	4	2	5000
26	IL22021	线路智能终端2	SIFANG	CSD601 G1	RPIT	GOCB2	01-0C-CD-01-02-07	0207	001	4	2	5000
27	IL22021	线路智能终端2	SIFANG	CSD601 G1	RPIT	GOCB3	01-0C-CD-01-02-08	0208	001	4	2	5000
28	IL22021	线路智能终端2	SIFANG	CSD601 G1	RPIT	GOCB4	01-0C-CD-01-02-09	0209	001	4	2	5000
29	IL2203	线路3智能终端	NRR	PCS-222IL G1	RPIT	gocb0	01-0C-CD-01-00-27	0027	001	4	2	5000
30	IL2203	线路3智能终端	NRR	PCS-222IL G1	RPIT	gocb1	01-0C-CD-01-0A-1F	0A1F	001	4	2	5000
31	IL2203	线路3智能终端	NRR	PCS-222IL G1	RPIT	gocb2	01-0C-CD-01-0A-20	0A20	001	4	2	5000
32	IL2203	线路3智能终端	NRR	PCS-222IL G1	RPIT	gocb3	01-0C-CD-01-0A-21	0A21	001	4	2	5000
33	IL22031	线路智能终端3	XJDQ	DBU-806IL G1	RPIT	gocb1	01-0C-CD-01-03-06	0306	001	4	2	5000
34	IL22031	线路智能终端3	XJDQ	DBU-806IL G1	RPIT	gocb2	01-0C-CD-01-03-07	0307	001	4	2	5000
35	IL22031	线路智能终端3	XJDQ	DBU-806IL G1	RPIT	gocb3	01-0C-CD-01-03-08	0308	001	4	2	5000

图 14-7　导出 GOOSE 配置

序号	装置名称	生产厂商	装置型号	SMV控制块	SMV_MAC	SMV_APPID	SMV_SVID	SMV_VLAN
1	ML1101	SHR	UDM_502G	MSVCB01	01-0C-CD-04-00-09	0x4009	MF110MUSV/LLN0.MSVCB01	38
2	ML1102	SHR	UDM_502G	MSVCB01	01-0C-CD-04-00-01	0x4001	ML1101MUSV/LLN0.MSVCB01	30
3	MM1101	SAC	PSMU-602GV	MSVCB01	01-0C-CD-04-00-02	0x4002	ML1102MUSV/LLN0.MSVCB01	31
4	MM1102	SAC	PSMU-602GV	MSVCB01	01-0C-CD-04-00-02	0x4002	ML1102MUSV/LLN0.MSVCB01	31
5	MT0001	SiFang	CSD602	MSVCB01	01-0C-CD-04-00-0A	0x400A	MM1101MUSV/LLN0.MSVCB01	39
6	MT1001A	SHR	UDM_502	MSVCB01	01-0C-CD-04-00-0B	0x400B	MM1102MUSV/LLN0.MSVCB01	03A
7	MT1001B	SHR	UDM_502	MSVCB01	01-0C-CD-04-00-0C	0x400C	MT0001MUSV/LLN0.MSVCB01	03B
8	MT1101A	SHR	UDM_502	MSVCB01	01-0C-CD-04-00-07	0x4007	MT1001AMUSV/LLN0.MSVCB01	36
9	MT1101B	SHR	UDM_502	MSVCB01	01-0C-CD-04-00-08	0x4008	MT1001BMUSV/LLN0.MSVCB01	37
10	MT3501A	SHR	UDM_502	MSVCB01	01-0C-CD-04-00-03	0x4003	MT1101AMUSV/LLN0.MSVCB01	32
11	MT3501B	SHR	UDM_502	MSVCB01	01-0C-CD-04-00-04	0x4004	MT1101BMUSV/LLN0.MSVCB01	33

图 14-8　导出 SV 配置

14.7 上 传 下 装

14.7.1 FTP 功能

FTP 功能模块负责直接与装置进行文件传输，可实现 FTP 登录及文件传输的功能。操作步骤为：①登录 FTP 服务器（IED）；②登录路径选择及服务器文件展示；③基本文件上传下载功能；④建立与断开与服务器连接。

14.7.2 下装检测

下装检测模块可实现待下装文件和装置内对应文件的对比功能，包括虚端子差异对比和装置型号、ICD 文件版本差异对比及 CID、CCD 文件对比。当两个文件虚端子有差异时，需提示用户查看并展示虚端子差异；当装置型号、ICD 文件版本有差异时，需提示用户查看并询问是否下装。下装检测模块包括虚端子对比模块、防止误下装模块和 SCL 文件对比模块三部分组成：

（1）对比待下装文件和装置内对应文件的虚端子，若有差异则提示用户查看确认并展示差异。

（2）对比待下装文件和装置内对应文件 IED 节点的装置型号和 ICD 文件版本，若有差异则提示用户，并询问是否继续下装。

（3）下装 CID、CCD 文件与装置内文件整体对比，并以可视化的方式展示差异。

14.7.3 上传下装

上传下装模块调用下装检测模块和 FTP 功能模块，实现上传和下装的功能，可选择并加载需要下装的配置文件，可自动从装置上传与待下装文件对应的文件，调用下装检测模块进行对比检测，并用弹窗的方式将差异提示给用户。配置文件上传和下装时，事项窗中展示过程中产生的各种事项，上传和下装完成后自动断开 FTP 链接。操作步骤如下：

（1）选择加载配置文件。

（2）自动上传装置配置文件并与待下装文件对比。

（3）以弹窗的方式展示文件对比检测结果，并提示用户选择是否继续。

（4）在事项窗中展示上传下装过程中产生的事项。

14.8 可 视 化

14.8.1 菜单

一体化配置工具应具备友好的中文人机界面，菜单设置分类清晰，简单明了，便于不同操作者使用。一体化配置工具应具备菜单栏、工具栏、右键操作、快捷键、帮助菜单等，其中帮助菜单包括工具帮助文档，工具版本号。一体化配置工具的部分菜单及功能类别设置可参考附录 A，如文件菜单、帮助菜单及文件导入、导出、通信配置等功能。

14.8.2 工程文件解耦方法

1. 功能描述

一体化配置工具应具备面向间隔对 SCD 进行物理解耦的功能。根据变电站往往以间隔为单元进行改扩建的特点，按照主变压器间隔、公共间隔、各个电压等级的母线间隔、母联间隔、线路间隔的划分原则，将 SCD 文件分解成以间隔为单位的间隔配置模型文件，采用间隔配置文件分解隔离、跨间隔配置关联分析等技术手段，实现将 SCD 文件解耦为多个间隔文件。

2. 功能目标

通过将 SCD 按间隔解耦，实现对不同间隔的配置信息进行区别化管控，以减少传统无防范地直接修改 SCD 对已投运间隔模型造成误改或错改风险，并通过增加评估间隔配置改动对调试工作的影响，满足变电站改扩建时 SCD 文件变更的安全管控需求。

3. 功能要求

面向间隔解耦包括间隔文件分解、间隔文件编辑、间隔文件合并三个步骤。而文件合并需要进行文件合并、文件编辑、一致性验证、文件差异比较和波及范围统计处理。

通过间隔解耦及严格的文件管理控制流程，把变电站部分间隔的改造对全站其他间隔的影响降到最小，以满足变电站改扩建对 SCD 模型变化的需求。图 14-9 为间隔解耦的流程。

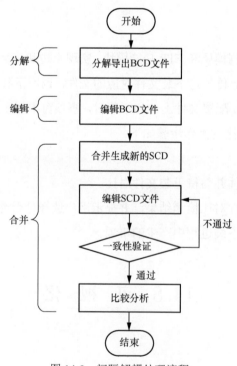

图 14-9　间隔解耦处理流程

（1）SCD 变更波及分析。一体化配置工具 SCD 变更波及分析主要实现的功能如下：

1）间隔的变更：支持以间隔的形式查看间隔与其他间隔的关联关系，在间隔内显示包含的二次设备。

2）装置的变更：支持以装置为中心，查看与该装置有关联关系所有的装置，支持扩建间隔的设备（如母差、主变压器）二次虚回路的可视化展示。

3）虚链路的变更，以装置为中心，可视化的标识出虚链路的增删改信息。

分析报告应总结变电站增加、删除间隔以及修改的间隔对其他间隔造成的影响，详细的展现出虚端子连接关系，同时支持将详细报表导出的功能。

（2）间隔文件分解。文件分解是间隔解耦的第一步，根据实际工程需求，把配置文件中需要改扩建间隔的设备与其他设备进行分离，拆分 SCD 文件为 BCD 文件和 LOCK.BCD 文件，BCD 文件为目标间隔的模型文件，导出后进行编辑修改，满足工程改扩建需求。其余部分保存到 LOCK.BCD 文件，禁止修改。根据用户的选择，将相关装置添加到相关 BCD 文件中，然后剩余的装置生成 LOCK.BCD 文件。譬如，新增加一个线路间隔，增加的线路间隔必须与母差保护装置、母线合并单元等装置有虚端子关联信号，SCD 解耦时，将母差保护和母线合并单元解耦出来，生成相关间隔 BCD 文件，其余装置与增加的线路间隔没有之间的虚端子关联信号，生成 LOCK.BCD 文件。

1）间隔的选择：对于 IEDName 按照 DL/T 1874—2018《智能变电站系统配置描述文件技术规范》要求命名的，一体化配置工具应能自动识别间隔所属装置，同时一体化配置工具也能手动选择需要导出的间隔所有 IED。生成 BCD 文件的过程可以作为一体化配置工具的导出功能。

2）节点选择：导出的 BCD 文件和 SCD 中剩余的部分应都包含 SCD 中完整的通信和模板（在更新 IED 时需要比较模板是否重复）。

（3）间隔文件编辑。打开生成的 BCD 文件，系统应对全局装置进行必要的管控。譬如对于母差保护装置，由于增加的线路间隔与母差装置有关联关系，而原来的线路间隔对母差装置也有虚端子关联，所以母差保护是公共全局装置，应该对母差装置的基本信息限制更改。譬如 name 属性，由于原有间隔的装置关联关系通过名称属性找到该装置，当名称属性发生修改就不能找到该装置信息。其他的信息例如母差装置的开出信息、IP 地址、MAC 地址、APPID 等信息增加限制，防止修改，当再次合成 SCD 文件时，原有线路间隔不会受到影响。

（4）间隔文件合并。间隔文件 BCD 编辑完成后，与 LOCK.BCD 合并完成生成新的 SCD 文件，新生成的 SCD 文件首先需要进一步完善间隔间的虚端子连线。另外，为了保证文件的正确性及一致性，需要进行验证、差异比较、波及范围分析。所以间隔文件合并又分为合并、编辑、验证、比较和分析五个部分。合并是需要检查 IED 冲突和连线配置变化，如果存在冲突，不进行合并，需要分析冲突原因并修正后再进行合并。合并完后不用展示，直接生成 SCD 文件。为了减少面向间隔解耦后文件再合并带来的一致性、信息冗余处理等问题，保证 SCD 文件的一致性和正确性，SCD 面向间隔解耦仍可采用逻辑解耦的思路，通过一体化配置工具实现面向间隔解耦的逻辑视图，新增间隔视图中只显示新增间隔的装置和相关数据，并在此视图中进行配置修改和编辑。BCD 文件不以单独物理文件的结构存在，而仅是逻辑的划分。通过基于同一 SCD 文件进行面向间隔的逻辑解耦，可以有效保证 SCD 文件合成后的正确性，大大降低版本管控的难度和风险。

（5）解耦前后 CCD 比对。为进一步清晰地展示间隔合并对过程层配置的影响范围。工程解耦应具备解耦前后 CCD 文件比对功能。在解耦之前先导出相关 IED 的 CCD 文件。在间隔文件合并之后再导出相关 IED 的 CCD 文件进行比对。比对规则如下：

1）分别提取 CCD 文件中不同 IED 的信息单独计算 CRC。

2）对于发送，提取 CCD 文件的 GOOSPUB 节点下对应的 XML 部分，另存为 XML 文件。

3）对于接收，提取 CCD 文件的 GOOSESUB 或 SVSUB 节点下对应的 XML 部分，另存为 XML 文件。

4）为生成的每个 IED 对应的 XML 文件计算 CRC。

从 CCD 文件中提取出每个 IED 的 XML 文件，改文件可以包含描述信息，依据 Q/GDW 11471—2015《智能变电站继电保护工程文件技术规范》的要求提取信息计算 CRC。计算结果通过一体化配置工具进行展示，CKC 计算结果如图 14-10 所示。

保存	改扩建前IED	改扩建后IED	改扩建前CRC	改扩建后CRC	是否一致
1	发送	发送	F4D6F8DB	F4D6F8DB	一致
2	PB3320B:3320断路器保护B套PSL632U-I	PB3320B:3320断路器保护B套PSL632U-I	34D6F8D9	34D6F8D9	一致
3	MB3322B:3322断路器合并单元B套PCS2...	MB3322B:3322断路器合并单元B套PCS2...	5436F8D9	5436F8D9	一致
4		IB3320B:DTI806F 3320断路器综合单元B		5436F8D9	不一致
5	MT2202B:2号主变中压侧合并单元B套P...	MT2202B:2号主变中压侧合并单元B套P...	6736F809	6736F809	一致
6	MT2202B:2号主变中压侧合并单元B套P...	MT2202B:2号主变中压侧合并单元B套P...	FV36F809	FV36F809	一致
7	MT2202B:2号主变中压侧合并单元A套P...	MT2202B:2号主变中压侧合并单元A套P...	EFBGF8D9	EFBGF8D9	一致
8	MT2202B:2号主变中压侧合并单元A套P...	MT2202B:2号主变中压侧合并单元A套P...	88D6F8D9	88D6F8D9	一致

图 14-10　CRC 计算结果

若某行改扩建前 IED 为空，改扩建后 IED 不为空，说明该 IED 改扩建后增加；若某行改扩建前 IED 不为空，改扩建后 IED 为空，说明该 IED 改扩建后可能被误删，使用了错误的 SCD 文件。发送 CRC 也在该表显示。比较结果支持保存为 Excel 可以打开的格式文件。双击其中的一行，一体化配置工具提供文件的差异比对，如图 14-11 所示。

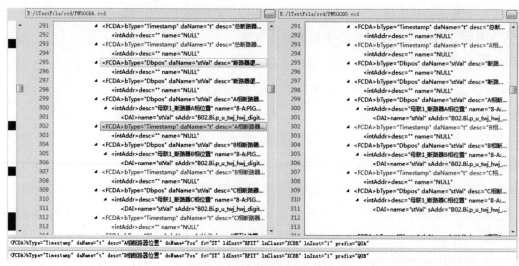

图 14-11　文件差异对比结果

14.8.3 可视化配置和展示

14.8.3.1 功能描述

采用相关技术图形化展示模型文件所包含的信息，主要展示的信息有一次主接线图、一二次设备关联、网络通信展示、虚回路信息以及 SCL 差异化信息图形化展示。

14.8.3.2 功能目标

面向最终用户，屏蔽 IEC 61850 规约技术细节，提供简洁便于理解的 SCL 配置信息的图形画面。

14.8.3.3 功能要求

1. SSD可视化

SSD 可视化包括可视化配置和可视化展示。配置用于产生 SSD 文件，展示用于以图形化的方式向用户展示变电站一次接线图。

（1）可视化配置。

SSD 文件的可视化配置产生过程涉及一些技术细节，一体化配置工具应向用户隐藏或简化这种技术细节，应避免变电站一次接线图传统绘制过程中的复杂、繁琐。推荐采用预置标准间隔图的可视化配置方法，但不要求绘制方式。SSD 绘制中间隔顺序应按照元素顺序排列，调整间隔位置但不改变连接关系。可视化配置应能输出符合 Q/GDW 11662—2017《智能变电站系统配置描述文件技术规范》的 SSD 文件用于展示，SSD 文件中附带坐标信息，包括 X 轴、Y 轴坐标，高度和宽度。

1）预置标准间隔图的可视化配置方法。依据 DL/T 1874—2018《智能变电站系统规范描述（SSD）建模工程实施技术规范》，SSD 文件应采用基于间隔（Bay）的建模方法，即把设备或功能根据其关联关系组织到一系列间隔中。一体化配置工具应支持以间隔图为单位的一次接线图绘制，间隔图由一体化配置工具预置，全站的一次接线图由间隔图组合而成。

a．标准间隔：一体化配置工具应预置变电站所包含的所有间隔图，间隔图是一次设备图元的组合。出线间隔图如图 14-12 所示，图中画出了出线间隔一次设备的最大配置和连接点。标准间隔图中包含最大化的一次设备配置，标准间隔设备列表参考附录 B，详细列举了线路、母线、主变压器等标准设间隔所包含的一次设备。

b．图元：一体化配置工具所使用的图元应由一体化配置工具确定，SSD 文件不包含图元的信息。一体化配置工具可以参考 Q/GDW 11162—2014《变电站监控系统图形界面规范》中的图元样式。

c．坐标系：一体化配置工具在绘制一次接线图的过程中所使用

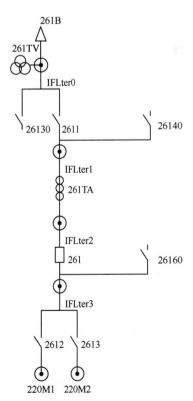

图 14-12　出线间隔标准图

的坐标信息应由一体化配置工具确定，SSD 文件中包含一次接线图的坐标信息。

　　d. 一次设备布局：一次设备布局由一体化配置工具实现，可参考《智能变电站系统规范描述（SSD）建模工程实施技术规范》和《变电站监控系统图形界面规范》中的布局方式。

　　e. 可裁剪的配置方法：配置工具应实现预置的标准间隔图和标准间隔一次设备列表的关联。用户可以通过勾选列表中的设备等方式来实现在图中添加或删除设备标准间隔图与一次设备列表如图 14-13 所示，左侧为标准间隔图，右侧为标准间隔一次设备列表。

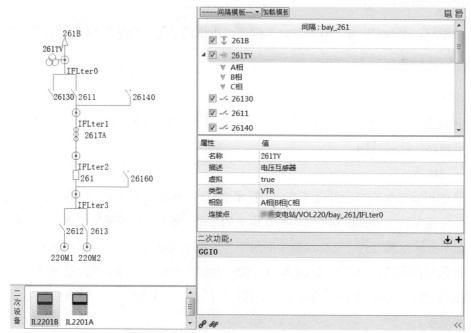

图 14-13　标准间隔图与一次设备列表

　　f. 一、二次设备关联：配置工具应具备将一次设备关联到二次设备 LN 的功能。一次设备关联到 LN 如图 14-14 所示。

	装置名称	装置描述			iedName	ldInst	prefix	lnClass	lnInst	lnType	
1	☑ E1Q1SB22	WDR-821C/R5		1	☑ E1Q1SB22	PROT		MMXU	1	XJ_WXH822C_...	模拟量上送（三量）
2	☑ E1Q1SB23	REF615馈线		2	☑ E1Q1SB22	MEAS		MMXU	1	XJ_WXH822C_...	功率点测量
				3	☑ E1Q1SB23	LD0	C	MMXU	1	CMMXU1_BB_...	CMMXU1
				4	☑ E1Q1SB23	LD0	RESC	MMXU	1	RESCMMXU1...	RESCMMXU1
				5	☑ E1Q1SB23	LD0	PE	MMXU	1	PEMMXU1_A...	PEMMXU1
				6	☑ E1Q1SB23	LD0	F	MMXU	1	FMMXU1_A_2...	FMMXU1
				7	☑ E1Q1SB23	LD0	V	MMXU	1	VMMXU1_A_1...	VMMXU1
				8	☑ E1Q1SB23	LD0	RESV	MMXU	1	RESVMMXU1...	RESVMMXU1

图 14-14　一次设备关联到 LN

　　2）基于标准间隔的成图方法。基于标准间隔的成图步骤如下：

　　步骤一：解析 SSD 文件，读取变电站数据和各电压等级数据。

　　步骤二：根据各电压等级中非母线间隔与母线间隔的连接关系，判断各电压等级的母线接线方式。接线方式的判别方法如下：

　　a. 根据连接点信息，查找线路间隔，如果没有母线间隔，则该电压等级为无母线接线方式。

b．查找线路间隔，存在母线间隔，查找间隔连接母线的数目为两条母线，则为普通双母接线方式；存在母线间隔，但不连接母线，则为3/2母线接线方式。

c．存在母线间隔，线路间隔连接一条母线，判断是否存在主母线，不存在主母线则为普通单母接线方式，存在主母线则为母线分支接线方式。

步骤三：根据母线接线方式，绘制各电压等级的接线图。对于一个电压等级，绘制母线间隔接线图和非母线间隔接线图。

a．绘制母线间隔。

i．建立母线间隔组件信息：针对一个母线间隔，建立其中所有组件的信息，所述组件的信息包括组件类型信息、组件端点对应的连接点信息和组件绘制方向信息。

ii．母线绘制步骤：设置母线的起点坐标，绘制母线。

iii．直连组件绘制步骤：在母线的延伸方向的上方或下方，每隔设定距离绘制一个与母线直连的组件，并且连线；组件的绘制方向与母线方向垂直；遍历与所述直连组件相连但未绘制的连接点，进行绘制。

iv．其他组件与连接点绘制步骤：对于新绘制的连接点，根据组件的绘制方向信息，查找新绘制的连接点上下左右四个方向的组件；在新绘制的连接点周围对应方向上分布绘制组件并且连线；对新绘制的每一个组件，查找与该组件相连的所有未绘制的连接点，进行绘制；对产生新绘制的连接点，再绘制其周围的组件，直到连接点没有相连的组件为止。

b．绘制非母线间隔。

i．组件信息建立：针对一个非母线间隔，建立其中所有组件的信息，所述组件的信息包括组件类型信息、组件端点对应的连接点信息和组件绘制方向信息。

ii．连接点绘制步骤：已绘制的母线作为新绘制的连接点。

iii．其他组件与连接点绘制步骤：对于新绘制的连接点，根据组件的绘制方向信息，查找新绘制的连接点上下左右四个方向的组件；在新绘制的连接点周围对应方向上分别绘制组件并且连线；对新绘制的每一个组件，查找与该组件相连的所有未绘制的连接点，进行绘制；对产生新绘制的连接点，再绘制其周围的组件，直到连接点没有相连的组件为止。

c．布局变压器和各电压等级接线图，生成一次设备的主接线图。

3）基于画图的配置方法。SSD配置可采用基于画图的配置方法，采用画图的方式配置，一体化配置工具应提供一个图形编辑器，包括工具栏、画图、工具箱等。应支持以下功能：

a．变电站一次设备组件的绘制，例如：主接线、间隔、变压器及连接点。

b．应支持设备图元的导入。

c．应支持主接线图的导入、导出。

d．应具备主接线图生成SSD的模型层次结构的功能。

（2）可视化展示。

一体化配置工具应能将符合Q/GDW 11662—2017《智能变电站系统配置描述文件技术规范》的SSD文件显示成图形，例如220kV双母单分主接线图如图14-15所示。图形中的间隔顺序，按照SSD文件中元素Bay的顺序展示。允许调整图元的位置，但不能改变连接关系。

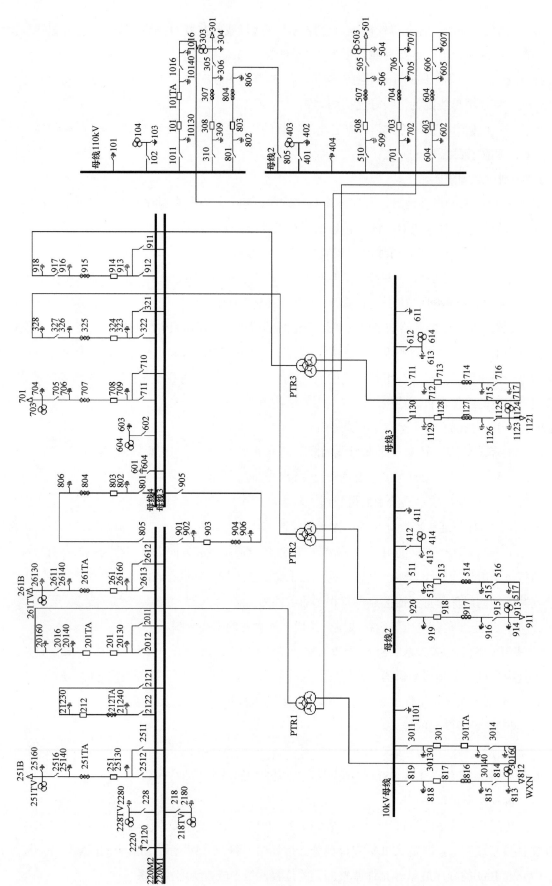

图 14-15 220kV 双母单分主接线图

可视化展示应支持导入图元库，电压等级的颜色和图元建议按照 Q/GDW 11162—2014《变电站监控系统图形界面规范》执行。图元文件应采用合适的格式进行存储，但一体化配置工具呈现的图元样式应与规范一致。

2. 二次虚回路的可视化

（1）可视化配置。

一体化配置工具应支持以单个装置为中心的可视化配置 GOOSE 和 SV 虚端子连线功能，能够以表格或图形化（改扩建配置时更直观）的方式建立虚端子连接。可自动预置内部信号，可添加、删除和修改外部信号。图形化配置界面分为两层：第一层是配置具有虚端子连接的装置关系图，如图 14-16 所示；第二层是配置装置间的信号图，如图 14-17 所示。一体化配置工具应能为所选择的装置配置具有连接关系的装置形成装置虚端子连接关系图，同时也能配置信号连接。

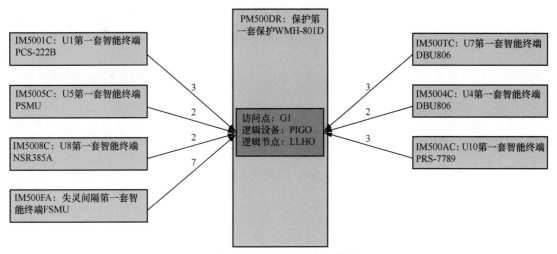

图 14-16　装置虚端子关系图

PIGO/LLN0		外部端子
PIGO/GOINGGIO1.DPCSO1.stVal<母联1_断路器A相位置>	2-D	IM5001C RPIT/Q0AXCBR1.Pos.stVal<A相断路器位置>
PIGO/GOINGGIO1.DPCSO2.stVal<母联1_断路器B相位置>	2-D	IM5001C RPIT/Q0BXCBR1.Pos.stVal<B相断路器位置>
PIGO/GOINGGIO1.DPCSO3.stVal<母联1_断路器C相位置>	2-D	IM5001C RPIT/Q0CXCBR1.Pos.stVal<C相断路器位置>
PIGO/GOINGGIO2.DPCSO1.stVal<分段_断路器A相位置>	2-E	IM5007C RPIT/XCBR2.Pos.stVal<断路器A相位置双点>
PIGO/GOINGGIO2.DPCSO2.stVal<分段_断路器B相位置>	2-E	IM5007C RPIT/XCBR3.Pos.stVal<断路器B相位置双点>
PIGO/GOINGGIO2.DPCSO3.stVal<分段_断路器C相位置>	2-E	IM5007C RPIT/XCBR4.Pos.stVal<断路器C相位置双点>
PIGO/GOINGGIO5.DPCSO1.stVal<主变2_1G刀闸位置>	2-H	IM5005C RPIT/QG1XSWI1.Pos.stVal<隔刀1位置>
PIGO/GOINGGIO5.DPCSO2.stVal<主变2_2G刀闸位置>	2-H	IM5005C RPIT/QG2XSWI1.Pos.stVal<隔刀2位置>
PIGO/GOINGGIO7.DPCSO1.stVal<支路7_1G刀闸位置>	3-D	IM5004C RPIT/XSWI1.Pos.stVal<刀闸1位置双点>
PIGO/GOINGGIO7.DPCSO2.stVal<支路7_2G刀闸位置>	3-D	IM5004C RPIT/XSWI2.Pos.stVal<刀闸2位置双点>
PIGO/GOINGGIO14.DPCSO1.stVal<主变3_1G刀闸位置>	4-D	IM5008C RPIT/QG1XSWI1.Pos.stVal<隔刀1位置>
PIGO/GOINGGIO14.DPCSO2.stVal<主变3_2G刀闸位置>	4-D	IM5008C RPIT/QG2XSWI1.Pos.stVal<隔刀2位置>
PIGO/GOINGGIO3.DPCSO1.stVal<母联2_断路器A相位置>	2-F	IM500AC RPIT/QAXCBR1.Pos.stVal<断路器A相位置>
PIGO/GOINGGIO3.DPCSO2.stVal<母联2_断路器B相位置>	2-F	IM500AC RPIT/QBXCBR1.Pos.stVal<断路器B相位置>
PIGO/GOINGGIO3.DPCSO3.stVal<母联2_断路器C相位置>	2-F	IM500AC RPIT/QCXCBR1.Pos.stVal<断路器C相位置>
PIGO/GOINGGIO27.SPCSO4.stVal<主变1_三相启动失灵开入>	3-B	IM500FA RPIT/GOOUTGGIO1.Ind30.stVal<DI3开入10>
PIGO/GOINGGIO29.SPCSO1.stVal<支路6_A相启动失灵开入>	3-B	IM500FA RPIT/GOOUTGGIO1.Ind41.stVal<DI3开入1>
PIGO/GOINGGIO29.SPCSO2.stVal<支路6_B相启动失灵开入>	3-B	IM500FA RPIT/GOOUTGGIO1.Ind42.stVal<DI3开入2>
PIGO/GOINGGIO29.SPCSO3.stVal<支路6_C相启动失灵开入>	3-B	IM500FA RPIT/GOOUTGGIO1.Ind43.stVal<DI3开入3>
PIGO/GOINGGIO39.SPCSO1.stVal<支路16_A相启动失灵开入>	3-B	IM500FA RPIT/GOOUTGGIO1.Ind2.stVal<DI1开入2(断路器总分位)>
PIGO/GOINGGIO39.SPCSO2.stVal<支路16_B相启动失灵开入>	3-B	IM500FA RPIT/GOOUTGGIO1.Ind3.stVal<DI1开入3(断路器总合位)>
PIGO/GOINGGIO39.SPCSO3.stVal<支路16_C相启动失灵开入>	3-B	IM500FA RPIT/GOOUTGGIO1.Ind4.stVal<DI1开入4(断路器A相分位)>

图 14-17　信号图

（2）可视化展示。

一体化配置工具应支持以单个装置为中心的虚端子图形化展示功能。虚端子可视化展示包含两张图纸，装置虚端子图、装置信号图。虚端子信息清晰简洁展示。

　　1）装置虚端子图以装置为单位展示装置间的虚端子连接关系，默认隐藏 IEC 61850 变量引用，如图 14-18 所示。图中箭头标识了信号的流向，箭头的两端分别标识发送和接收的控制块信息，箭头的上方标识接收端的物理端口、电缆编号（当有 SPCD 导入时）。GOOSE 和 SV 分别用不同的颜色予以区分。

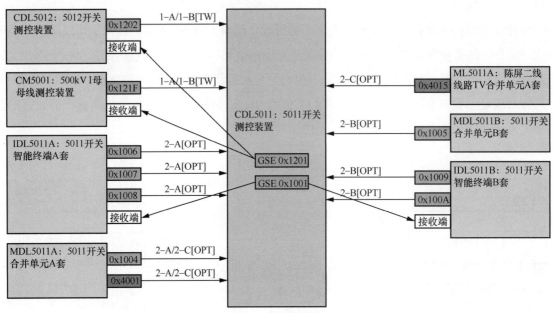

图 14-18　装置虚端子图

　　2）装置信号图展示两台装置间的虚端子连接，装置 GOOSE 信号图如图 14-19 所示，装置 SV 信号图如图 14-20 所示。图中箭头标识了信号的流向，箭头上方标识接收端口。

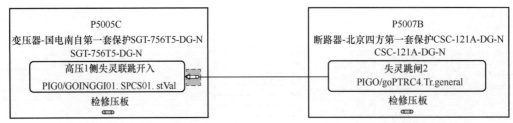

图 14-19　装置信号 GOOSE 图

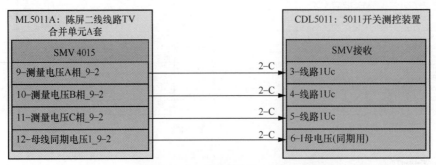

图 14-20　装置信号 SV 图

3. 配置文件可视化比对

一体化配置工具应能提供按语义进行配置文件的可视化比对功能。配置文件包括 SCL 文件、CCD 文件及其他符合 XML 标准的配置文件。对于 SCD 文件可以装置为单位计算两个版本的 SCD 中各个装置的 CRC 码，将 CRC 不一致的装置提取出装置的虚回路要素文件（XML 格式），再按照装置逐条比较差异，最终将差异的部分抽取出来展现，基于单装置 CRC 的 SCD 比较示意图如图 14-21 所示。这种方法可以提高 SCD 文件比对的效率。

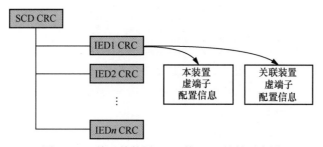

图 14-21　基于单装置 CRC 的 SCD 比较示意图

（1）全站升级信息总览：主要展示全站 IED 信息的变化情况，包括新增、更新和删除 IED；IED 属性的变化和 CRC 的变化。

（2）以装置为中心的虚端子变化：主要展示虚端子的变化情况，包括 GOOSE 变化信息、SV 变化信息。一体化配置工具能用不同的颜色予以标识。

（3）通信的变化：主要展示通信信息的变化情况。

一体化配置工具应能分别从全站、间隔和单装置的视角，以 SCL 比较结果为基础，分别生成全站 IED 信息报告（主要包含 IEDname、IED 描述、CRC 校验码）、虚端子信息报告（参考虚端子联系表）和通信信息报告（参考导出通信配置）。一体化工具可以表格或图形化方式展示这些信息。对于 CCD 文件，可以直接比较节点，并以不同的颜色标识差异，并提供差异分析报告。如图 14-22 所示为 CCD 文件比对结果，图 14-23 所示为 CCD 比较差异分析报告。

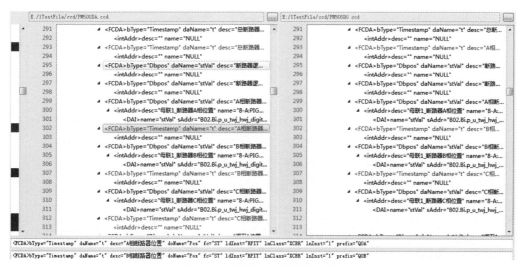

图 14-22　CCD 文件比较结果图

```
文件比较有差异！
-------------------------------
------GOOSEPub的差异如下：------
1:[2]---<PM500DOPIGO/LLN0$GO$gocb1>---[改变]
    1.1:[7]--<P>type="MAC-Address" "01-0C-CD-01-01-47"--[属性改变]
-------------------------------
------GOOSESub的差异如下：------
1:[277]---<IM5001CRPIT/LLN0$GO$gocb0>---[改变]
    1.1:[293]--总断路器位置--[连线修改]
    1.2:[302]--A相断路器位置--[连线修改]
    1.3:[307]--B相断路器位置--[连线修改]
    1.4:[312]--C相断路器位置--[连线删除]
2:[386]---<IM5007CRPIT/LLN0$GO$gocb5>---[一致]
3:[457]---<IM5005CRPIT/LLN0$GO$gocb1>---[一致]
4:[523]---<IM5004CRPIT/LLN0$GO$gocb5>---[一致]
5:[593]---<IM500ACRPIT/LLN0$GO$gocb0>---[一致]
6:[666]---<IM5008CRPIT/LLN0$GO$gocb0>---[一致]
7:[740]---<IM500FARPIT/LLN0$GO$gocb3>---[一致]
8:[829]---<IM500FARPIT/LLN0$GO$gocb4>---[一致]
9:[924]---<IM500FARPIT/LLN0$GO$gocb2>---[一致]
```

图 14-23 CCD 比较差异分析报告

4. 物理网络的可视化（可选）

全站网络图基于智能站通信设备 IEC 61850 规约建模规范，物理连接图为站内 IED 之间的物理连接图，网络为过程层网络，IED 包括交换机和二次设备。

一体化配置工具应能根据装置物理端口和电缆编号的配置自动生成过程层物理网络图。

可靠性试验

15.1 可靠性试验简介

近年来，在国家电网公司对质量的管理高标准和严格要求下，各大企业的研发水平日益上升，产品整体质量不断提高。但是，从智能变电站的现场反馈看，产品质量问题仍然层出不穷，且越来越集中在关键元器件和硬件的设计工艺上，而这些问题在传统型式试验中，很难发现并有效解决。

就地化保护装置的设计理念先进，已经从可靠性上进行了考虑，满足目前继电保护领域最高级别的环境要求、安全要求和抗干扰要求等。但是，在小型化和就地化后，产品设计密度增加且所处环境愈发复杂和严酷，内部电子元器件的散热条件也随之恶化，产品的长期运行使可靠性面临巨大挑战。考虑到就地化保护装置的运行经验不足，为有效验证现有设计是否满足标准要求和用户期望的可靠性水平，同时快速有效发现装置潜在缺陷，提高就地化保护装置的硬件水平，有必要在型式试验的基础上引入有效的可靠性试验方法进行验证和评估。

15.1.1 试验目的

就地化保护装置可靠性试验是了解、评价、分析和提高就地化保护装置的可靠性而进行的各种试验的总称。研究如何在有限的样本、时间和使用费用下，找出就地化保护装置的薄弱环节。通常，对就地化保护装置进行可靠性试验的目的如下：

（1）在研制阶段使就地化保护装置达到预定的可靠性指标。在研制阶段对样品进行可靠性试验，找出产品在原材料、结构、工艺、环境适应性等方面所存在的问题，加以改进。

（2）在就地化保护装置研制定型时进行可靠性鉴定。新装置研制定型时，要根据装置标准进行鉴定试验，以便全面考核产品是否达到规定的可靠性指标。

（3）在生产过程中控制就地化保护装置的质量。通过可靠性试验了解就地化保护装置质量的稳定程度，及时发现和纠正因原材料质量较差或工艺流程失控等原因造成的质量下降。

（4）对就地化保护装置进行筛选以提高整批装置的可靠性水平。合理的筛选可以将因各种原因（如原材料有缺陷、工艺措施不当、操作人员疏忽、生产设备发生故障和质量检验不严格等）造成早期失效的装置剔除，从而提高整批装置的可靠性水平。

（5）研究就地化保护装置的失效机理。通过装置的可靠性试验了解装置在不同环境及不同应力条件下的失效模式与失效规律，找出引起装置失效的内在原因及产品的薄弱环节，采取相应措施提高可靠性水平。

15.1.2 试验分类

根据实施地点，就地化保护装置可靠性试验可分为实验室试验或现场试验：

（1）实验室试验是通过一定方式的模拟试验，试验剖面要尽量符合使用的环境剖面，但不受场地的制约，可在装置研制、开发、生产、使用的各个阶段进行。

（2）现场试验是装置品在使用现场的试验，试验剖面真实但不受控，因而不具有典型性。因此，必须记录分析现场的环境条件、测量、故障、维修等因素的影响。

根据试验目的，就地化保护装置可靠性试验可分为可靠性工程试验和可靠性验证试验，每类试验项目各有不同：

（1）可靠性工程试验。工程试验的出发点是：尽量彻底地暴露就地化保护装置的问题、缺陷，并采取措施纠正，再验证问题是否解决、缺陷是否消除。经过工程试验的就地化保护装置，其可靠性自然会提高，满足用户要求的可能性也必然增大。

（2）可靠性验证试验。从试验原理来说，要应用统计抽样理论，因此又称统计试验。其目的是验证就地化保护装置是否符合规定的可靠性要求，由承制方根据有关标准和研制生产进度制订方案和计划，经定购方认可。验证试验包括产品研制的可靠性鉴定试验和批量生产的可靠性验收试验。这类试验必须能够反映产品的可靠性定量水平，因此试验条件要尽量接近使用的环境应力。

电力用户一直很重视产品的可靠性，在继电保护装置的产品标准中，都有对于产品可靠性的要求，例如：设计寿命、平均无故障时间、动作成功率、产品失效率等。以就地化保护装置为例，在 DL/T 587—2016《继电保护和安全自动装置运行管理规程》中，明确提出微机保护装置的使用年限一般不低于 12 年。

大量有关可靠性的工作内容都是在实验室完成的，包括大部分的可靠性试验方法和平均无故障时间（Mean Time Between Failure，MTBF）的计算。但是实验室试验的条件与实际使用条件仍然存有很大差异，实验室取得的 MTBF 结果还有待现场使用来验证。本文主要介绍用户对批量产品的可靠性验证试验。

15.1.3　现存问题

由于组成二次设备的元器件众多，元器件相关参数很难获取，且它们之间的连接关系复杂，因此利用纯理论方法构建寿命组合模型难度较大。微机保护研制厂家在硬件设计阶段更多的是凭借硬件工程师的设计经验，没有考虑到建立硬件可靠性指标，更没有通过搭建实用的可靠性模型来对设计出来的装置进行定量的可靠性评估。

环境应力筛选试验是就地化保护装置出厂前的可靠性筛选评估的一种手段，作为保护生产的重要环节之一，其有效性直接影响到装置投运的使用情况。目前，采用的筛选试验多是高温老化试验，但实际发现很多装置的潜在缺陷通过筛选后不能被有效激发，使得在设计、制造和质量检验等一系列环节中并没有发现保护装置故障，而装置发货到变电站，在投入运行后却又暴露出硬件故障，不得不派人带电路板或装置到现场更换，装置硬件的可靠性不能保证的同时也增加了产品的成本。

15.1.4　提高就地化保护设备可靠性的措施

1. 合理控制保护装置内部温度

一般而言，温度升高电阻阻值降低；高温会降低电容器的使用寿命；高温会使变压器、扼流圈绝缘材料的性能下降，一般变压器、扼流圈的允许温度要低于 90℃；温度过高还会造成焊点合金结构的变化——IMC 增厚、焊点变脆、机械强度降低；结温的升高会使晶体管的电流放大倍数迅速增加，导致集电极电流增加，又使结温进一步升高，最终导致元件失效，长期工作在高温环境中会大大缩短 CPU 工作寿命。因此，就地化保护装置可靠性对温度是非常敏感的。温度升高时，器件故障率迅速增大；在热设计过程中应考虑整体功耗与局部散热的关系，合理温度布局，控制温度，提高可靠性。热设计的目的是控制产品内部所有电子元器件的温度，使其在所处的工作环境条件下不超过标准及规范所规定的最高温度。

热设计主要指电路板布局设计和散热设计：①电路板布局设计是指在满足约束条件下，合理元器件布局，将功率大的器件分散放置，减少或消除热应力集中点，从而降低温度；②散热设计则通过元器件温度控制（热降额、导热胶、冷板设计）、电路板散热设计（使用耐热高的印刷板，增加厚度利于导热和自然散热）和机箱散热设计（自然冷却、强迫风冷、冷板设计、散热器）等措施实现散热。

2. 对关键元器件采用降额使用

Ⅰ级降额是最大的降额，对元器件使用可靠性的改善最大。超过Ⅰ级的更大降额，通常对元器件可靠性的提高有限，且可能使设备设计难以实现。Ⅰ级降额适用于下述情况：①设备的失效将导致人员伤亡或装备与保障设施的严重破坏；②对设备有高可靠性要求，且采用新技术、新工艺的设计；③由于费用和技术原因，设备失效后无法或不宜维修；④系统对设备的尺寸、重量有苛刻的限制。

运行缺陷统计中，故障率较高的是 CPU 模块和通信模块、电源模块，就地化保护装置设计中，这三类模块元器件最好采用Ⅰ级降额，杜绝 CPU 超频使用。

3. 全面开展可靠性试验

开展就地化继电保护装置可靠性试验，确保装置的整体可靠性。就地化保护是否适应预定的环境和满足可靠性指标，必须通过可靠性试验进行鉴定或考核。

15.2　加速寿命可靠性验证试验

加速寿命试验是可靠性试验中最重要最基本的项目之一，采用加速应力进行试件的寿命试验，在比产品预期寿命短得多的时间内实现预期的累积损伤，从而缩短试验时间，提高试验效率，降低试验成本，其应用使高可靠、长寿命产品的可靠性评估成为可能。

通过寿命试验，可以了解产品的寿命特征、失效规律、失效率、平均寿命以及在寿命试验过程中可能出现的各种失效模式。如结合失效分析，可进一步摸清导致产品失效的主要失效机理，作为可靠性设计、可靠性预测、改进新产品质量和确定合理的筛选、例行（批量保证）试验条件等的依据。如果为了缩短试验时间，可在不改变失效机理的条件下，用加大应力的方法进行试验，这就是加速寿命试验。

就地化保护加速寿命验证试验是在实验室条件下，考核就地化保护是否符合其产品合同或产品标准中规定的可靠性指标——平均无故障工作时间的可靠性验证试验其使用前提假设产品寿命期内的失效率恒定且符合指数分布。

15.2.1 指数寿命型统计试验方案

15.2.1.1 定时截尾鉴定试验定义

定时截尾试验预先规定累积试验时间为 T^* 时结束试验，期间出现 r 个关联故障，此时则 MTBF 的观测值为：$\hat{\theta} = T^*/r$；如果期间未测到故障（$r=0$），IEC 建议 MTBF 的观测值为 $3T^*$。当订购方给出置信水平 $\gamma = 1 - \beta$（订购方风险），观测值的单侧置信下限（系数）如式（15-1）所示：

$$\theta_{\mathrm{L}} = \frac{2r}{\chi^2_{(1+\gamma)/2}(2r)} \hat{\theta} = \frac{2T^*}{\chi^2_{(1+\gamma)/2}(2r)} \tag{15-1}$$

式中：r 为在测定试验中相关失效的总数；T^* 为计算累积试验时间；$\hat{\theta} = T^*/r$ 为平均无故障时间；β 为成功率真值；χ^2 为卡尔分布；θ_{L} 为置信下限。

双侧置信区间（系数）如式（15-2）所示：

$$\theta_{\mathrm{L}} = \frac{2r}{\chi^2_{(1+\gamma)/2}(2r+2)} \hat{\theta} = \frac{2T^*}{\chi^2_{(1+\gamma)/2}(2r+2)}$$
$$\theta_{\mathrm{U}} = \frac{2r}{\chi^2_{(1-\gamma)/2}(2r)} \hat{\theta} = \frac{2T^*}{\chi^2_{(1-\gamma)/2}(2r)} \tag{15-2}$$

式中：θ_{U} 为置信上限。

经过计算转换，编制了定时截尾置信水平系数表，直接可以查出。此时 MTBF 单侧置信下限如式（15-3）所示：

$$\theta_{\mathrm{L}} = \theta_{\mathrm{L}}(\gamma, r) \hat{\theta} \tag{15-3}$$

MTBF 的双侧置信区间如式（15-4）所示：

$$\theta_{\mathrm{L}} = \theta_{\mathrm{L}}\left(\frac{1+\gamma}{2}, r\right) \hat{\theta}$$
$$\theta_{\mathrm{U}} = \theta_{\mathrm{U}}\left(\frac{1+\gamma}{2}, r\right) \hat{\theta} \tag{15-4}$$

试验数据处理程序包括：

（1）计算累积试验时间 T^* 及试验发生的关联故障数 r；

（2）计算 MTBF 的观测值 $\hat{\theta} = T^*/r$；

（3）计算置信水平 $\gamma = 1 - \beta$，并在查出系数后计算 MTBF 单侧置信下限 θ_{L}，$\theta_{\mathrm{L}} = \theta_{\mathrm{L}}(\gamma, r) \hat{\theta}$；

（4）与规定的 MTBF 比较，当 $\theta_{\mathrm{L}} = \theta_{\mathrm{L}}(\gamma, r) \hat{\theta}$ 大于 MTBF 时，通过鉴定；

（5）计算 MTBF 的置信区间，置信水平 $\gamma = 1 - 2\beta$；

（6）将置信上限与 MTBF 规定值进行比较，如果前者小于后者，说明 MTBF 在不可接收的区间，其错判概率为 β。

定时截尾试验数据处理计算系数如表 15-1 所示。

表 15-1   定时截尾试验数据处理计算系数

置信限	双侧 60%		单侧 80%	双侧 80%	单侧 90%	双侧 90%	单侧 95%	双侧 95%	单侧 97.5%
故障数 r	上 θ_U	下 θ_L	上 θ_U	下 θ_L	上 θ_U	下 θ_L	上 θ_U	下 θ_L	
1	4.481	0.334	9.491	0.257	19.496	0.211	39.498	0.179	
2	2.426	0.467	3.761	0.376	5.630	0.318	8.262	0.277	
3	1.954	0.544	2.722	0.449	3.669	0.837	4.849	0.342	
4	1.742	0.595	2.293	0.500	2.928	0.437	3.670	0.391	
5	1.618	0.632	2.055	0.539	2.538	0.476	3.080	0.429	
6	1.537	0.661	1.904	0.570	2.296	0.507	2.725	0.459	
7	1.479	0.684	1.797	0.595	2.131	0.532	2.487	0.485	
8	1.435	0.703	1.718	0.616	2.010	0.554	2.316	0.508	
9	1.400	0.719	1.657	0.634	1.917	0.573	2.187	0.527	
10	1.372	0.733	1.607	0.649	1.843	0.590	2.085	0.544	
...									

15.2.1.2 定时截尾试验标准方案

根据标准，定时截尾试验方案参数包括：生产方风险 α 和订购方风险 β、MTBF 可接收值 θ_0 和最低可接收值 θ_1、鉴别比 $d = \theta_0 / \theta_1$、以 θ_1 归一化的试验时间、判决故障数（接收数和拒收数，后者为前者加 1）。由于试验耗费资源较多，双方如果希望缩短试验时间，可采取短时高风险方案。

选定定时截尾试验方案的程序：

（1）根据产品可靠性水平和用户要求研讨 θ_0 和 θ_1，综合试验时间和所需资源权衡确定 θ_1、d、α、β 等参数；

（2）根据 θ_1、d、α、β 等参数，查表得到相应的试验时间、接收判决的故障数及拒收故障数。

15.2.1.3 权衡原则

降低决策风险，则需要延长试验时间，判决故障数也相应增加，带来的问题是试验费用增加、试验周期长；相反，提高决策风险，可以缩短试验时间，判决故障数减少，试验费用和时间周期减少。应根据产品可靠性水平和要求适当选择，较多单位趋于表 15-2 中的方案 17。就地化保护装置成本高，试验箱容量有限，属于小子样试验，可能发生失效数为 0 的试验现象，因此基本选择表 15-2 中的方案 21。如果选择试验表 15-2 中的方案 21，假定就地化保护 MTBF=80000h，抽取 3 台样品，失效数 $r=0$，取单侧置信下限，单侧置信度 90%，则总试验时间 T 由式（15-5）求得：

表 15-2   定时截尾试验方案

| 类别 | 方案号 | 决策风险（%） | | | | 鉴别比 | 试验时间 | 判决故障数 | |
		名义值		实际值				拒收数	接收数
		α	β	α	β	$d = \theta_0 / \theta_1$	θ_1 倍数	(*)	(*)
标准型	9	10	10	12.0	9.9	1.5	45.0	37	36
	10	10	20	10.9	21.4	1.5	29.9	26	25
	11	20	20	19.7	19.6	1.5	21.5	18	17
	12	10	10	9.6	10.6	2.0	18.8	14	13
	13	10	20	9.8	20.9	2.0	12.4	10	9
	14	20	20	19.9	21.0	2.0	7.8	6	5

续表

类别	方案号	决策风险（%）				鉴别比	试验	判决故障数	
		名义值		实际值			时间	拒收数	接收数
		α	β	α	β	$d=\theta_0/\theta_1$	θ_1倍数	(*)	(*)
标准型	15	10	10	9.4	9.9	3.0	9.3	6	5
	16	10	20	10.9	21.3	3.0	5.4	4	3
	17	20	20	17.5	19.7	3.0	4.3	3	2
高风险	19	30	30	29.8	30.1	1.5	8.1	7	6
	20	30	30	28.3	28.5	2.0	3.7	3	2
	21	30	30	30.7	33.3	3.0	1.1	1	0

$$\theta_L = \frac{2r}{\chi_\gamma^2(2r+2)} \quad \hat{\theta} = \frac{2T^*}{\chi_\gamma^2(2r+2)} \tag{15-5}$$

根据 MATLAB 程序置信度 90%的分布函数，求得总试验时间 T^* 为 202400h，T=67466.67h，就是说 3 台样品要共同试验 67466.67h 期间无失效，方能验证其 MTBF 为 80000h。这个时间太长，无疑是不可能实现的。因此可靠性试验中又增加了加速寿命试验，利用远较产品正常工作环境恶劣的试验条件促使样品固有缺陷在不改变固有失效机理且允许的试验时间内暴露，利用一定的换算关系推导出正常工作环境下的样品的 MTBF 值。这样的试验是目前最为常用的可靠性加速寿命试验。

15.2.2　加速因子的分类

加速环境试验是一种激发试验，它通过强化的应力环境来进行可靠性试验。加速环境试验的加速水平通常用加速因子来表示。加速因子的含义是指设备在正常工作应力下的寿命与在加速环境下的寿命之比，通俗来讲就是指一小时试验相当于正常使用的时间。因此，加速因子的计算成为加速寿命试验的核心问题，也成为客户最为关心的问题。

加速因子的计算基于一定的物理模型，下面说明常用应力的加速因子计算方法。

15.2.2.1　温度加速因子

温度的加速因子 T_{AF} 由 Arrhenius 模型计算：

$$T_{AF} = \frac{L_{normal}}{L_{stress}} = \exp\left[\frac{E_a}{k} \times \left(\frac{1}{L_{normal}} - \frac{1}{L_{stress}}\right)\right] \tag{15-6}$$

式中：L_{normal} 为正常应力下的寿命；L_{stress} 为高温下的寿命；T_{normal} 为室温绝对温度；T_{stress} 为高温下的绝对温度；E_a 为失效反应的活化能（eV）；k 为玻尔兹曼常数，8.62×10^{-5} eV/K。实践表明绝大多数电子元器件的失效符合 Arrhenius 模型，表 15-3 给出了半导体元器件常见的失效反应的活化能。

表 15-3　　　　　　　　　　　半导体元器件常见失效类型的活化能

设备名称	失效类型	失效机理	活化能（eV）
IC	断开	Au-Al 金属间产生化合物	1.0
IC	断开	Al 的电迁移	0.6
IC（塑料）	断开	Al 腐蚀	0.56
MOS IC（存贮器）	短路	氧化膜破坏	0.3～0.35

续表

设备名称	失效类型	失效机理	活化能（eV）
二极管	短路	PN 结破坏（Au-Si 固相反应）	1.5
晶体管	短路	Au 的电迁移	0.6
MOS 器件	阈值电压漂移	发光玻璃极化	1.0
MOS 器件	阈值电压漂移	Na 离子漂移至 Si 氧化膜	1.2～1.4
MOS 器件	阈值电压漂移	Si-Si 氧化膜的缓慢牵引	1.0

15.2.2.2　电压加速因子

电压的加速因子由 Eyring 模型计算：

$$V_{AF} = \exp\left[\beta \times \left(V_{stress} - V_{normal}\right)\right] \tag{15-7}$$

式中：V_{stress} 为加速试验电压；V_{normal} 为正常工作电压；β 为电压的加速率常数。

15.2.2.3　湿度加速因子

湿度的加速因子由 Hallberg 和 Peck 模型计算：

$$H_{AF} = \left(\frac{RH_{stress}}{RH_{normal}}\right)^n, n=[2,3] \tag{15-8}$$

式中：RH_{stress} 为加速试验相对湿度；RH_{normal} 为正常工作相对湿度；n 为湿度的加速率常数，不同的失效类型对应不同的值，一般介于 2～3 之间。

15.2.2.4　温度变化加速因子

温度变化的加速因子由 Coffin-Mason 公式计算：

$$TE_{AF} = \left(\frac{\Delta T_{stress}}{\Delta T_{normal}}\right)^n \tag{15-9}$$

式中：ΔT_{sress} 为加速试验下的温度变化；ΔT_{normal} 为正常应力下的温度变化；n 为温度变化的加速率常数，不同的失效类型对应不同的值，一般介于 4～8 之间。

15.2.3　计算实例

例题：某种电子产品在室温下使用，计划在温度 75℃、湿度 85%下做加速寿命测试，计算该加速试验的加速因子。

解析：本试验涉及温度和湿度两种应力，因此，分别计算各应力的加速因子，然后相乘得到整个加速试验的加速因子，如式（15-10）所示：

$$AF = T_{AF} \times H_{AF}$$
$$= \exp\left[\frac{E_a}{k} \times \left(\frac{1}{L_{normal}} - \frac{1}{L_{stress}}\right)\right] \times \left(\frac{RH_{stress}}{RH_{normal}}\right)^n \tag{15-10}$$

式中：E_a 为激活能（eV）；k 为玻尔兹曼常数，$k=8.6\times10^{-5}$eV/K；T 为绝对温度；RH 为相对湿度（%）；一

般情况下 n 取为 2。

根据产品的特性，取 E_a 为 0.6eV，室温取 25℃、75%RH，把上述数据带入计算，求 $AF=37$，即在 75℃、85%RH 下做 1h 试验相当于室温下寿命约 37h。

还需要说明的一点是，加速因子的计算公式都是建立在特定的模型基础上的，而模型的建立往往会包含一些假设，并且会忽略或简化次要的影响因素，因此计算的结果也仅仅具有指导和参考意义，不能死板地认为只要试验足够时间就一定能确保产品的寿命。

15.2.4 加速寿命试验方法

目前常用的加速寿命试验方法分为以下三种。

（1）恒定应力加速寿命试验：该试验方法是将试样分为几组，每组在固定的应力水平下进行寿命试验，各应力水平都高于正常工作条件下的应力水平，试验做到各组样品均有一定数量的产品发生失效为止。

（2）步进应力加速寿命试验：该试验方法是预先确定一组应力水平，各应力水平之间有一定的差距，从低水平开始试验，一段时间后，增加至高一级应力水平，如此逐级递增，直到试样出现一定的失效数量或者到了应力水平的极限停止试验。

（3）序进应力加速寿命试验：该试验方法是将试样从低应力开始试验，应力水平水试验时间等速升高，直到一定数量的失效发生或者到了应力水平的极限为止。

上述三种加速寿命试验方法中，恒定应力加速寿命试验最为成熟。尽管这种试验所需时间不是最短，但比一般的寿命试验的试验时间还是缩短了不少。因此它还是经常被采用的试验方法。后面两种试验方法对设备都有较高的要求，试验成本较高，因此目前开展较少。

15.3 高加速寿命试验和高加速应力筛选试验

15.3.1 高加速寿命试验和高加速应力筛选试验的提出与发展

现在的产品对强度和可靠性的要求越来越高。从 20 世纪 70 年代初期起，一般的可靠性试验变得越来越难满足产品的要求，往往不能发现设计缺陷，使产品的质量受到很大的影响，从而造成大量的意外失效。

1979 年，纳夫马特（NAVMAT）首席代表 WJ.WilIOUGH 开始引入环境应力筛选过程（ESS）：在生产过程中，使用温度循环和随机振动筛选制造和工艺方面的缺陷。然而，大量的缺陷仍然发现不了，造成产品的早期失效。

1989 年，美国霍布斯（HOBBS）公司总裁葛瑞格 K.霍布斯（Gregg K. Hobbs）博士提出高加速寿命试验（HALT）和高加速应力筛选试验（HASS）两种新技术。HALT 试验和 HASS 试验的最大特点是时间上的压缩，即在短短的几天内模拟一个产品的整个寿命期间可能遇到的情况。与传统的可靠性试验相比，HALT 试验和 HASS 试验的目的是激发故障，即把产品潜在的缺陷激发成可观测的故障；不是采用一般模拟实际使用环境进行的试验，而是人为施加步进应力，在远大于技术条件规定的极限应力下快速进行试验，找出产品的各种工作极限与破坏极限。这两种试验在国外已经成为提高电子、机电产品可靠性的主要手段。HALT 试验用于产品研制阶段，HASS 试验则是用于批生产过程。

从 20 世纪 90 年代开始 HALT 试验和 HASS 试验获得迅速推广和应用，特别是民用电子产品领域，无论大型还是小型产品，大批量还是小批量，HALT 和 HASS 的应用呈指数增长，我国的民用电子产品特别是通信产品企业也竞相在应用这一技术，并取得极好的效果。对电子产品而言，其组成是一些电子器件，而电子器件是存在失效率的，这就意味着电子产品随时可能出现故障。因此，为提高可靠性，用户和企业努力的方向一般是在保证较低失效率的同时，增加两个故障之间的间隔时间，即提高产品的 MTBF。

就地化保护装置属于智能电子设备，其可靠性特征量应为 MTBF。就地化保护要求 MTBF 大于80000h（约 9.3 年）。这个要求比较高，然而，继电保护现行产品标准没有给出具体的可靠性验证和评估方法。不同于航空领域所要求的几百小时（最多上千小时）的平均无故障时间，在有限的试验时间内，就地化保护装置无法完整模拟整个 80000h 的过程。因此，有必要选择加速/高加速试验方法，且需要选定对产品而言最有效的应力作为加速因子。

15.3.2　加速因子的选择

在可靠性试验中，各种环境应力在促使产品失效上的效率值是不同的，其中以温度和振动效率最高，各种环境应力促使产品失效的效率值如图 15-1 所示。

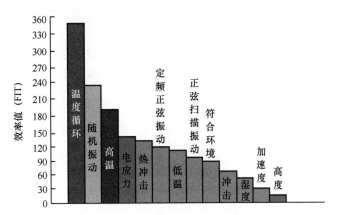

图 15-1　各种环境应力促使产品失效的效率值

在造成电子系统故障的多个原因中，元器件故障占比最高，而元器件故障在可靠性试验中能得到有效暴露。以 Hughes Aircraft（休斯飞机）为例进行统计，在环境应力与电子元件的故障关系中，高达 70%的失效来自温度（变）或振动。环境应力与电子元件故障的关系如图 15-2 所示。

图 15-2　环境应力与电子元件故障的关系

因此，从试验的角度，为在短时间内快速有效地使产品出现失效，暴露潜在缺陷，检测机构倾向于选择温度和振动作为加速因子。

15.3.3　高加速寿命试验

高加速寿命试验（HALT 试验）利用快速高、低温变换的振荡体系揭示电子和机械装配件设计缺陷和不足，目的是在产品开发的早期阶段识别出产品功能和破坏极限，从而优化产品的可靠性，高加速寿命试验参考标准如表 15-4 所示。

表 15-4　　　　　　　　　　　　　高加速寿命试验参考标准

序号	标准号	标准名称	备注
1	GB/T 29309—2012	电工电子产品加速应力试验规程 高加速寿命试验导则	推荐性方法标准，HALT 通用试验方法和要求
2	GB/T 34986—2017	产品加速试验方法	加速试验技术及原理标准
3	IPC-9592B 2012	Requirements for Power Conversion Devices for the Computer and Telecommunications and Industries	针对电源，HALT 试验方法
4	GJB/Z 299B—1998	电子设备可靠性预计手册	MTBF 评估参考
5	MilHdbk217F	美国电子产品可靠性预计手册	MTBF 评估参考
6	GMW 8287—2002	Highly Accelerated Life Testing	美国通用，HALT 试验标准
7	—	福特、西门子、索尼、华为等 HALT 试验企业标准及国际通用的 HALT 试验产品规格等级	国际和国内经验，振动步进试验操作极限要求

HALT 试验可提供−100～+200℃的温度区间，温变速率可达到 70～100℃/min。同时，提供六轴向随机振动（振动强度 0～75Grms，频率范围 1Hz～1MHz），在低频范围内传递较高的振动能量，激发大型产品潜在的缺陷，高加速寿命试验项目及应力组成示意如图 15-3 所示。

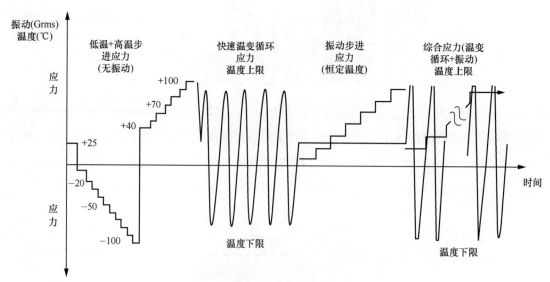

图 15-3　高加速寿命试验项目及应力组成示意

HALT 试验包括 5 个试验项目，彼此配合，达到快速验证产品可靠性水平的目的，具体的试验项目如表 15-5 所示。在进行 HALT 试验时，还需设计产品功能性测试的内容。对于就地化保护装置，从保护功能、SV 和 GOOSE、开入和开出、时间同步、运行稳定性、通信稳定性等进行考核，判定是否失效。试验结束后，需检查产品外壳、插件（或模块）是否出现异常，元器件是否出现焊接异常。

表 15-5　　　　　　　　　　　　　　就地化保护高加速寿命试验项目

序号	试验项目	考核目的	试验箱参数
1	低温步进应力试验	通过逐级增加试验应力，确定产品极限	0～−100℃
2	高温步进应力试验	通过逐级增加试验应力，确定产品极限	0～+200℃
3	快速温变循环试验	快速发现产品潜在缺陷，加以改进和验证，增加产品的极限值，提高其坚固性及可靠性	−100～+200℃，变化率≥60℃/min
4	振动步进应力试验	通过逐级增加试验应力，确定产品极限	强度：5～75Grms；频率：1Hz～1MHz；六轴向随机振动
5	综合应力试验	快速发现产品潜在缺陷，加以改进和验证，增加产品的极限值，提高其坚固性及可靠性	低温+高温+温变+振动

根据 HALT 试验中完成 5 项测试的结果，对 HASS 试验剖面进行设计。通常以温度、振动水平和停延时间为起点，或根据产品实际情况进行调整。由表 15-5 可知，这 5 项测试分别为：

（1）低温步进应力试验（Coldstep Stress）：以 20℃为起点，将环境舱的大气温度降至 10℃。每个温度级别上的停延时间可以根据产品的不同而有所差异，但建议在温度稳定后至少保持 10min。

（2）高温步进应力试验（Hotstep Stress）：以 30℃为起点，将环境舱的大气温度提高 10℃。每个温度级别上的停延时间可以根据产品的不同而有所区别，但建议在温度稳定后至少保持 10min。

（3）快速温变循环试验（Rapid Thermal Transitions）：最小的温度循环范围应该在高低温步进应力测试中所确定的温度工作上限和温度工作下限的 5℃内。通常至少进行 3 个温变循环，并且在每个温度极限值时至少保持 10min。

（4）振动步进应力试验（Vibrationstep Stress）：从 5Grms 开始（较低水平的振动量级，1Grms 用于精细产品，增量在 5Grms 内），至少停延 5min（时长根据产品质量的不同而变化）。实验室内大气温度应当为室温，连续施加振动步进应力直至产品振动工作极限或破坏极限。

（5）综合应力试验（Combined Environment）：至少进行 5 个综合应力循环，除非在所有 5 个循环之前出现了破坏性故障。温度循环应保持在温度工作上限和温度工作下限的 5℃内。起始振动量值则是通过将振动破坏极限除以 5 加以确定的。在后续的每个温度循环中，振动量级都增加相同数值；也就是说，如果最大振动量值为 50Grms，则起始振动量值为 10Grms。

15.3.4　高加速应力筛选

HALT 试验得到的结果通常作为 HASS 试验剖面的设计依据。温度应力起始值通常为温度步进应力试验中所确定工作极限的 80%，即测试单元在 HALT 试验中完全发挥作用时的温度水平。

振动步进应力试验中，振动应力的起始值通常为 50%的工作极值。实践中，并无固定的周期次数或行业标准用于筛选产品，主要还是取决于所生产产品的类型和数量。

对于大多数更关心产量的组织而言，HASS 试验建议至少循环两次；如果希望识别出更多的潜在缺陷，3～5 次循环比较适宜。HASS 试验第一个循环的根本目标是查找到所有缺陷；做到这一点则无需开展后续循环，从而缩短测试时间、提升产量。

HASS 试验由两个部分（或阶段）组成。第一个阶段为预筛选阶段，在极短时间内激发出任何潜在的生产缺陷或零部件缺陷；第二个阶段是测试阶段，目标在于识别缺陷，在测试阶段，产品需接受功能测试。相比之下，预筛选阶段所用应力水平高于测试阶段。

15.3.5　可靠性保证试验

15.3.5.1　环境应力筛选的 MTBF 验证试验

在 GJB 1032《电子产品环境应力筛选方法》中规定，在环境应力筛选的后期程序中要安排 MTBF 验证试验，目的是验证筛选的有效性。其方法是先进行 80h 的温度循环，后进行最长 15min 的随机振动，所用应力参数与前面缺陷剔除程序的相同。其判据是：在 80h 温度循环中如果有连续 40h 无故障、在最长 15min 随机振动中如果有连续 5min 无故障，就认为产品通过了环境应力筛选，否则要继续进行缺陷剔除筛选，之后再进行 MTBF 验证试验。

MTBF 验证试验作为环境应力筛选效果的验证试验，要验证产品是否达到了筛选方案中预期要剔除的缺陷百分值，也要衡量产品是否已经消除早期失效并进入随机失效期。随机失效期的失效率正是装备可靠性水平的标志。因此，无故障验证试验的最终目的是验证产品是否达到了设计的可靠性要求值。如果通过了 MTBF 验证试验，就有理由认为产品达到了定量环境应力筛选方案所预期的要消除缺陷的高百分值（例如 98%），也就是说产品以该百分值的置信水平达到了可靠性设计值。从这个含义出发，可以利用这种试验来证明产品是否实现了设计的 MTBF，其置信概率与环境应力筛选方案要求的相同。这就是由环境应力筛选发展而来的可靠性保证试验的出发点。

15.3.5.2　可靠性保证试验的性质与用途

可靠性保证试验以无失效的试验时间来验证设备的 MTBF 值，是环境应力筛选工作的外延和发展，其性质仍属工程试验的范畴。如前所述，通过 MTBF 验证试验的产品，被认为消除了高百分比的缺陷型早期失效且达到了设计的 MTBF。因此可靠性保证试验可用于推断产品的 MTBF，可为承制单位评估产品的 MTBF 提供工程依据。

试验参数的确定如下：

（1）试验参数的定义。在制订可靠性保证试验方案时，必须使用以下参数定义：α 为设备通过无缺陷失效试验的概率；$T(r)$ 为 MTBF 验证试验时间；$T(W)$ 为最佳试验时间；M 为设备的 MTBF 设计值。

（2）试验时间的确定。可靠性保证试验的试验时间与上述参数有关，由式（15-11）计算求解：

$$\alpha = \{(M-1)^{T(r)} \cdot [M+T(W)-T(r)]\} / M^{[T(r)+1]} \tag{15-11}$$

式中：$T(W)/T(r)$ 值需要综合考虑，当 $T(W)/T(r)<2$ 时，通过试验的概率 α 下降较多；当 $T(W)/T(r)>2$ 时，试验时间将加长，耗费较大；因此选取 $T(W)/T(r)=2$ 为最佳。

保证试验时间 $T(r)$ 求解过程：将 $T(W)/T(r)=2$，即 $T(W)=2T(r)$ 代入式（15-11），并令产品通过无缺陷失效试验概率 $\alpha=0.98$（高概率），可由式（15-12）求得 $T(r)$：

$$T(r)=0.212\,M \tag{15-12}$$

由此可知，可靠性保证试验所需的时间是很少的。

（3）可靠性保证试验与环境应力筛选无故障验证试验的同异。

1）环境应力筛选 MTBF 验证试验与可靠性保证试验都是在环境应力筛选剔除了早期失效之后的工作，都可以检验环境应力筛选工作是否达到了预期的目的，在试验中如果发生故障都可在排除之后继续试验。这是它们的相同之处。

2）在试验时间上，环境应力筛选的 MTBF 验证试验一般只要连续 40h 不发生故障，试验就可以结束，环境应力筛选工作判为通过；而可靠性保证试验需要有连续 $T(r)$ 个小时不发生故障，试验才可结束，总试验时间取决于产品的 MTBF，一般要比前者稍长。

（4）试验时间计算示例。

设某雷达的可靠性指标要求为 150h，设计的 MTBF 比指标略有裕量，在环境应力筛选方案中要求以 0.98 的高概率通过 MTBF 验证试验，试求对其进行可靠性保证试验的时间（即连续不发生失效的工作时间）。

【解】　由 $T(r)=0.212M$，有：

$$T(r)=0.212\times150=31.8\text{h}$$

取整为 33h，比环境应力筛选 MTBF 验证试验时间还少。需要说明的是，式（15-12）是在通过概率 $\alpha=0.98$ 的特定条件下的求解试验时间式，有一定的局限性。为了便于可靠性工程的应用，有的资料给出了 α、M 和 $T(r)$ 三者的关系曲线图，可以快速查出不同的 α 和 M 对应的 $T(r)$ 值。

15.4　可靠性验证试验设计

15.4.1　HALT 试验效益

15.4.1.1　快速暴露潜在缺陷

HALT 试验对暴露电子产品的潜在缺陷、改进产品强度、减少故障机会和提高可靠性非常有效（如图 15-4 和图 15-5 所示），可将原需花费 6 个月甚至 1 年的新产品可靠性试验缩短至一周，为考核产品质量和可靠性、快速暴露产品设计和制造缺陷，提高可靠性提供了有力工具。

HALT 试验之所以起作用，是因为它遵循了应力与循环次数（S-N）之间关系，如图 15-6 所示。如果产品对应的循环次数是 N_0、场应力是 S_0，它就会失效。在 HALT 试验中，会通过增大应力来减少故障发生时的循环次数。

15.4.1.2　评估平均无故障时间

通过 HALT 试验可对被试对象在现场的实际失效率和稳定现场 MTBF 进行评估，方便用户甄别不同厂家产品的优劣属性和程度，筛选优秀供应商。HALT 试验的机理是通过高应力促使产品失效，暴露潜在故障，确定操作极限。

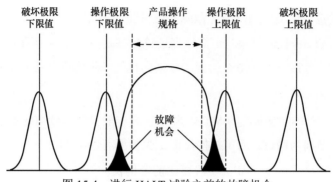

图 15-4　进行 HALT 试验之前的故障机会

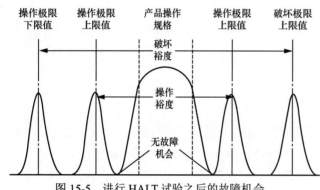

图 15-5　进行 HALT 试验之后的故障机会

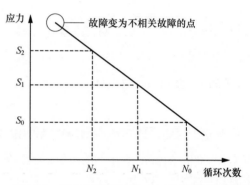

图 15-6　应力与循环次数（S-N）关系曲线图

在 HALT 试验中，通过 HALT 试验结果确定产品的不可靠度，然后利用不可靠度、失效率和 MTBF 之间的关系，对产品的 MTBF 进行评估。MTBF 评估所需参数包括：产品设计 MTBF、低温/高温/振动操作极限、快速温变和综合应力循环结果、产品规格等级❶（见表 15-6）、样本数量❷和现场工作周期❸等。

表 15-6　　　　　　　　　就地化保护产品可靠性量化考核指标

序号	类型	就地化保护整机	就地化保护电源	备注
1	低温操作极限	≤-65℃	≤-65℃	就地化保护装置在 HALT 试验中应该满足的最低要求
2	块高温操作极限	≥110℃	≥110℃	
3	振动操作极限	≥50Grms	≥50Grms	
4	快速温度变化循环数量	≥5 个	≥5 个	
5	综合应力循环数量	≥5 个	≥5 个	

15.4.2　试验应力的选取

加速寿命试验及高加速寿命试验综合考虑试验时间、样品数量、试验设备、试验成本、生产及用户双方利益。但是，每一个单独的试验对于就地化保护装置验证都是片面的。为此应综合考虑就地

---

❶　产品规格等级：产品类型不同，量化评估指标不同。
❷　样本数量：样品数量越多，评估数量越准确，但同时也要考虑成本与试验箱规格。
❸　现场工作周期：试验箱完成的循环数量。

化保护失效机理、运行环境、各种试验方案的优劣，采取了一种包含高加速寿命试验、筛选试验和可靠性保证试验、恒定应力加速寿命试验在内的试验方案，具体来讲就是依据 GB/T 34986—2017《产品加速试验方法》和 GJB/Z 34—1993《电子产品环境应力筛选指南》来设计试验方案，确定试验应力。

根据 GB/T 5080.4《设备可靠性试验 可靠性测定试验的点估计和区间估计方法（指数分布）》，置信度一定时，可接收的 MTBF（设为 m）与总试验时间和总失效数 r 见式（15-13）。

$$m = \frac{2T}{X^2(1-C,2r+2)} \quad (15\text{-}13)$$

式中：C 为置信度；r 为总失效数，失效数为 0 时，取 $r=0$。取可接收的失效数为 0，置信度 90%。

根据就地化保护失效机理及运行环境分析确定可靠性寿命验证试验所施加应力为六自由度振动和高低温循环。

15.4.3 高加速寿命试验

依据 GB/T 34986—2017《产品加速试验方法》开展高加速寿命试验。

15.4.3.1 低温步进应力测试

准备低温步进试验样品 1 台，低温工作极限筛选方式如图 15-7 所示。低温步进试验从 0℃开始下降，当下降到 T_2 时，样品出现失效，再回到 T_1 样品恢复正常，再下降到 T_3，样品再次失效，又恢复到 T_1 样品恢复正常，则确定 T_1 为样品的低温工作极限温度。如果 T_1 不能恢复正常，则恢复到室温停留 20min；如果恢复正常，则 T_2 为工作极限温度。

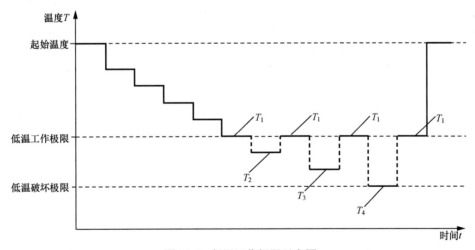

图 15-7　低温工作极限示意图

此项测试过程需要记录：①温度设置值和电容温度；②每个步进台阶的测试结果；③每次上下电后功能恢复情况；④最后的工作极限；⑤失败过程分析和结论。

15.4.3.2 高温步进应力测试

高温步进应力测试使用 1 个样品，使用热电偶监测电源器件输入输出电解电容的温度，高温工作极限筛选方式如图 15-8 所示。高温步进试验从室温开始上升，当上升到 T_2 时，样品出现失效，再回到 T_1 样品恢复正常，再上升到 T_3，样品再次失效，又恢复到 T_1 样品恢复正常，则确定 T_1 为样品的高温工作极限温度。如果 T_1 不能恢复正常，则恢复到室温停留 20min；如果恢复正常，则 T_2 为工作极限温度。

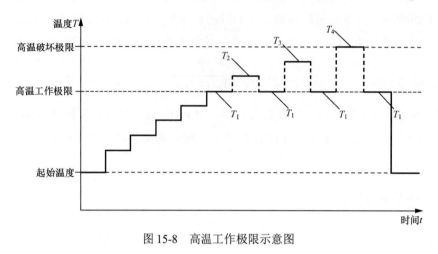

图 15-8　高温工作极限示意图

此项测试过程需要记录：①温度设置值和电容温度；②每个步进台阶的测试结果；③每次上下电后业务恢复情况；④最后的工作极限；⑤失败过程分析和结论。

15.4.3.3　振动步进应力测试

振动步进应力测试在环境温度 25℃ 下进行，使用 1 个样品。使用加速度传感器监测产品的振动响应。起始振动为 5Grms，振动频率带宽在 2Hz～5kHz 范围内，步进步长为 5Grms。振动工作极限筛选方式如图 15-9 所示。振动步进试验从 5Grms 开始上升，当上升到 g_2 时，样品出现失效，再回到 g_1 样品恢复正常，再上升到 g_3，样品再次失效，又恢复到 g_1 样品恢复正常，则确定 g_1 为样品的振动工作极限。如果 g_1 不能恢复正常，则停止振动停留 20min；如果恢复正常，则 g_2 为工作极限）。

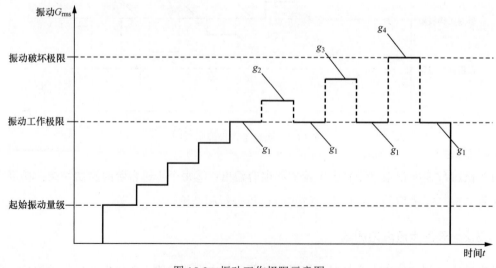

图 15-9　振动工作极限示意图

此项测试过程需要记录：①振动设置点和振动响应；②每个步进台阶的测试结果；③每次上下电后功能测试情况；④记录开始上电到功能恢复的时间；⑤最后的操作限和破坏限；⑥失败过程分析和结论。

该项试验主要是为了通过试验确定样品的低温工作极限、高温工作极限、振动工作极限，为后续综合应力试验确定应力大小做准备。

15.4.4 施加应力大小及加速因子计算方法

根据步进应力试验结果，以及其振动、低温、高温工作极限得出其综合应力测试所需的应力大小。

（1）运行环境温度。就地化保护装置运行阶段环境温度即为其通用技术条件规定的环境温度：−40～+85℃；自然温度循环周期为24h；自然循环温升率和温降率均为125/12×60=0.174℃/min。

（2）运行状态下的振动。根据 GB/T 4798.4—2007《电工电子产品应用环境条件 第4部分：无气候防护场所固定使用》表 7，环境等级组合为气候条件 4K4 与机械条件 4M3 组合使用。气候条件 4K4 适用于无气候防护且直接暴露于极端寒冷和极端干热的气候环境中（低温−65℃，高温 55℃），该条件与就地化保护技术要求的环境条件最接近；机械条件 4M3 适用于防止显著振动但可能发生传导冲击的场所，例如打桩和局部爆破等（断路器，隔离开关分合闸振动传导），即位移 1.5mm，加速度 0.5g，频率 2～200Hz。基本与变电站的实际情况吻合，可作为就地化保护运行中的振动环境。根据 GB/T 11287—2000《电气继电器 第21部分 量度继电器和保护装置的振动、冲击、碰撞和地震试验 第1篇：振动试验（正弦）》附录 A，在多个电站对量度继电器壳体所做的测量表明，工作中预期的加速度峰值不大于 1.0m/s^2，即 0.1g 加速度。根据装置可能安装在高速公路、铁路附近，变电站内可能存在断路器间歇性分合闸及变压器、电抗器振动等因素，样品工作环境振动值假定均方根加速度为 0.5g。

（3）试验状态下的温度。样品工作极限温度由步进试验测得值为−70～+120℃，根据 GB/T 29309—2012《电工电子产品加速应力试验规程 高加速寿命试验导则》，温变循环试验的高、低温温度值分别为高低温工作极限的 85%～90%，得出样品的试验温度循环范围为−60～+100℃。温度循坏速率为 20℃/min，最高和最低温度保持时间均为 20min。

（4）试验状态下的振动。试验状态下的振动根据振动步进试验结果确定为 25Grms。

（5）加速因子计算。AF 为加速因子，其计算方法如下：

根据低温步进及高温步进得出的样品高温工作极限和低温工作极限，得出样品的试验温度循环范围为−60～+100℃，记为 R_{test}；试验最高温度 100℃，温度循环率为 V_{test}。试验振动采用固定值 25Grms，记为 W_{test}。顶点温度驻留时间为 20min。就地化保护装置运行环境温度为−40～+85℃，记为 R_{use}；振动基础值为 $W_{\text{use}} = 0.5g$。运行环境最高温度为 85℃，每天 24h 完成 1 个温度循坏，温升率和温降率均为 125/(12×60)=0.174℃/min，记为 V_{use}。根据温度循环筛选度、随机振动筛选度和逆幂律推导出的加速因子公式（15-14）。

$$AF = \left(\frac{R_{\text{test}}}{R_{\text{use}}}\right)^{1.9}\left[\frac{\ln(e+V_{\text{test}})}{\ln(e+V_{\text{use}})}\right]^3\left[\frac{W_{\text{test}}}{W_{\text{use}}}\right]^n \qquad (15\text{-}14)$$

注：GB/T 34986—2017《产品加速试验方法》和 GJB/Z 34—1993《电子产品环境应力筛选指南》

推导得出。

依据式（15-14）和参数即可计算出预计 MTBF 下的可靠性验证试验时间，开展温度循环和六自由度振动综合应力试验。如果规定的试验时间内，试验样品未出现失效，即可认为该样品 MTBF 符合要求。

如果确认生产方已经进行过高加速寿命试验，可根据 MTBF 试验进行无故障检测。在 80h 温度循环中如果有连续 40h 无故障、在最长 15min 随机振动中如果有连续 5min 无故障，就认为产品通过了环境应力筛选，否则要继续进行缺陷剔除筛选，之后再进行 MTBF 试验。

如果确认生产方已经进行过高加速应力筛选和 MTBF 鉴定试验，可开展可靠性保证试验。令产品通过无缺陷失效试验概率 α =0.98（高概率），则 $T(r)$ =0.212M。如果 $T(r)$ 以内，样品未失效即可认为其 MTBF 符合要求。但就地化保护装置 MTBF 如果为 80000h，利用上述公式计算所得试验时间仍达到 16960h，约为 707 天，试验时间和试验成本太高，用户和生产方均无法接受，所以仍要用到加速因子推导出实际可行的试验时间。

15.5 试 验 方 案

15.5.1 试验平台

15.5.1.1 试验样品

每厂家至少提供已经通过专业检测、性能完好的就地化保护装置 3 套用于加速试验。试验前进行了基本性能测试，保证样品各项指标都满足规格书要求。

15.5.1.2 温度循环和随机振动试验系统

试验装置的空气循环系统应能提供足够的风量，以保证试验效果。

（1）具有快速升降温的能力，最大温度变化速率不小于 60℃/min；

（2）试验温度范围不小于−100℃～+170℃；

（3）温度波动在±3℃范围内；

（4）试验装置可提供温度输出测点以便于连续测量和记录。

（5）试验箱内风速不小于 3.8m/s。

试验装置的随机振动系统应能提供足够的能量，以保证试验效果。频率范围为 20～2000Hz，最大均方根加速度不小于 60g。试验系统包括稳定可靠容量足够的直流 110V 或 220V 电源，保证整个试验期间电源的稳定和连续。

15.5.1.3 测量系统

（1）模拟故障录波器、网络分析仪：可随时监视和观察样品参数并对异常情况进行录波。

（2）管理机：可对就地化保护进行管理和相关操作，一台管理机通过交换机管理所有样品。

（3）继电保护试验仪：可对样品进行施加负载电压、电流及开入量并施加故障量（同一厂家三台样品由一台试验仪提供电流，三台电流回路串接）。

15.5.1.4 试验平台的搭建

（1）试验样品在试验箱内将输入输出导线和光纤均引到箱外（所有线芯、光纤均做好标记便于区分功能及厂家和样品。公用端子排、引出线、光纤及光纤适配器必须满足试验环境的要求）。

（2）在箱外正确连接样品电源，每台样品均经过专用空气开关和电源连接。

（3）将样品电压、电流、开入、开出分别与对应的继电保护试验仪正确连接。其中电压与录波器并接，电流经录波器串接。开出分别接试验仪和录波器。

（4）光纤正确与管理机连接，录波用的光纤接入网络分析仪。

（5）将温度循环试验箱温度输出信号接至故障录波器。

15.5.2 试验步骤

（1）试验接线完成检查无误后，给样品通电，观察指示灯正常，管理机无告警。

（2）对故障录波器和网络分析仪进行设置，满足记录要求。

（3）通过管理机对样品进行操作，各项操作正常，模拟开入正常。

（4）试验仪开机上电，对样品施加运行电压和电流，检查样品采样精度满足要求；检查录波器、网分记录正常。

（5）施加规定的故障量，样品动作正常、开出正常、管理机正常、录波器、网分录波正常。

（6）以上任一项出现异常，需要及时处理完毕后重新进行检查正常。

（7）温度循环试验箱关门，温度循环和振动设置完毕，开机运行。同时检查录波器试验箱温度记录正常。

（8）温度循环试验由最低温度开始计时，期间观察管理机、录波器、网分记录数据。每个循坏最低最高温度时各施加一次故障量，确认保护无误动或拒动现象（开出正常）。管理机每个循坏最高、最低温度时各对样品进行操作一次（开入正常），如有异常进行记录。并记录各种通信及报警异常数据。

（9）保护动作选择：差动、距离、零序方向电流。

（10）试验中出现任何异常均做好记录，如精度、动作值、动作时间误差较大，面板指示灯异常等。

（11）温度循环时间到后停止试验，试验箱温度恢复常温。稳定 1h 后对样品施加故障量进行测试。测试正常后对样品进行绝缘试验并记录数据。

注：样品功能试验依据 GB/T 7261—2016《继电保护和安全自动装置基本试验方法》。

15.5.3 失效判定

失效判定包括：①保护误动；②保护拒动；③采样精度超标常态后不恢复；④动作值超标常态后不恢复；⑤动作时间超标常态后不恢复；⑥开入开出失效；⑦软压板投退失效；⑧修改定值失效；⑨管理机通信异常；⑩告警不能复归；⑪光纤纵差保护通道异常；⑫绝缘损坏。

16.1 安 装 环 境 条 件

安装环境条件如下：

（1）保护柜（桩）宜安装在通风散热条件良好的场所。

（2）安装场所应无易燃、易爆品存在。

（3）安装场所应无腐蚀、导电、破坏绝缘和表面涂覆层的介质，不允许有严重的霉菌存在。

（4）保护柜（桩）的安装基础或支座应牢固可靠，安装螺栓或焊接强度应满足抗震要求，抗震设防烈度按 GB/T 17742—2020《中国地震烈度表》中的Ⅷ度选取。

（5）安装于地面的保护柜（桩）宜采用承载负荷不小于 8kN/m² 混凝土基座。基座长、宽尺寸宜各自超出户外柜外形尺寸 50mm；基座的基础平面至少应高出历史最高积水水位 100mm；基座平面的水平度偏差不应大于 3‰。

（6）安装场所应提供良好的电气接地条件。

16.2 保护柜（桩）的安装工艺规范

16.2.1 户外柜（桩）安装要求

户外柜（桩）应采用落地式安装，基座建造前需结合机柜的开门方向和操作便利性设置基座的位置及相关尺寸，柜体与基座的安装方式可选择地脚螺钉安装或焊装。地脚螺钉安装参考图如图 16-1 所示，基座焊接安装参考图如 16-2 所示。

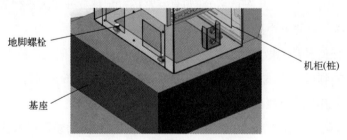

图 16-1　地脚螺钉安装参考图

（1）机柜在安装前需检查柜体各部分外观完好，各部件安装紧固，如有漆面剥落需予以补漆，各标志（接地标识、触电标识、铭牌等）完成、清晰。

（2）地脚螺钉安装的螺钉大小为尺寸参考各柜型的具体安装孔位尺寸图，螺母拧紧后打上螺纹防松胶。

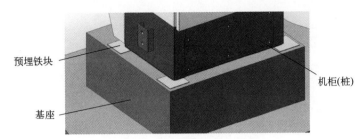

图 16-2 基座焊接安装参考图

（3）基座建立时，据户外柜（桩）的基座图具体尺寸，在基座上预埋好"焊盘"，安装时将四脚落座于各"焊盘"上，采用电焊落装，单个"焊盘"焊接长度不短于 5cm，焊接牢固。

（4）户外柜（桩）与基座之间的缝隙应采用防水材料进行封堵。

（5）电缆/光缆引入户外柜时，应采取相应的保护措施并采用防水材料进行封堵。

（6）柜体（桩）在安装过程中不允许有造成其表面划痕、凹坑等不良情况出现，不允许有对柜体产生较大冲击或高频晃动的情况发生。

16.2.2 外部线缆走线要求

柜内内部线缆在到达现场前已在厂内布置安装完成，此部分为外部线缆的走线规范要求。外部线缆进柜示意图如图 16-3 所示。

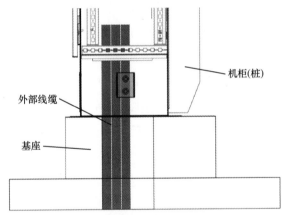

图 16-3 外部线缆进柜示意图

（1）外部线缆从柜体底部进入柜内后应采用扎带将线缆入柜带铠部分紧固于柜体（桩）内，线缆入柜后摆布整齐紧凑，空间上不干扰端子排、线槽等柜内组件。

（2）外部线缆沿机柜后方两侧立杆向上引入，不带铠部分入柜后布放自然平直，不得产生扭绞、打圈接头等现象，不应受外力的挤压和损伤。

（3）接线端应贴有标签，标明编号，标签书写应清晰、端正和正确，标签应选用不宜损坏的材料。

（4）线缆终接前必须核对线缆标示内容是否正确。

（5）线缆中间不允许有接头。

（6）线缆终接后应留有一定的余量。

（7）线缆终接处必须牢固且接触良好。

（8）线缆终接应符合设计和施工操作规程。

（9）布线完毕后，柜内进出线缆孔洞应采用防火胶泥封堵，做好防鼠、防虫、防水和防潮处理。

16.2.3 装置的安装要求

一般可能存在柜体（桩）到现场时，就地化装置已安装好，或者就地化装置与柜体（桩）分装的，需要现场安装，就地化装置一般采用挂装式安装方式，特殊情况下可能存在用螺钉直接安装的情况。

16.2.3.1 整装检查要点

（1）装置上的标签膜完整，装置外观不存在凹坑、裂痕及污渍等外观不良。

（2）装置在挂架及柜体的配合安装上要稳固，各紧固件不存在松动的情况。

（3）各线缆插头与就地化装置插头之间接插到位。

（4）插头各航缆盖建议取下，留存备用。

（5）装置接地线与指定的接地点安装紧固，接触良好。

16.2.3.2 分装安装要求

在装置安装前，首先确认装置上的标签膜完整，装置外观不存在凹坑、裂痕及污渍等外观不良，将航插盖取下留存，确认在柜体（桩）上的挂架部分和装置上的挂架部分安装紧固。

（1）将装好挂架的就地化保护装置挂扣于柜体的挂架上，安置好后，微调位置让下部锁紧螺钉孔对位准确并锁上螺钉。

（2）检查插头与插座的插合面无异物后，将插头键槽与插座对正，拧动插头的连接螺帽，将插头与插座插合；插合过程中，适时将插头沿插合方向推向插座，以防止螺纹因拉力作用造成非预期咬合磨损，当连接螺帽盖过插座色带，且用手无法拧动后，插头与插座方插合到位。

（3）将直航缆，将护线环压回过线孔。

（4）将装置及柜体上的对应接地点用接地线连接，安装牢固，并确保柜体（桩）上对应的接地标签贴附良好。

16.2.3.3 连接器安装要求

就地化保护设备直接无防护安装或与一次设备集成安装，其特征是工作环境严酷，对接口防护能力、防盐雾能力提出了较高要求。保护设备现场安装尤其是安装在断路器机构箱附近时，需要具备高性能的抗振动和抗冲击能力。

就地化二次设备要求实现更换式检修，实现各个厂家同种类型设备的互换，必须解决接口标准化的问题，一方面需要实现设计接口定义的标准化，另一方面需要实现接口形式的标准化（即不同厂家设备互换）。

目前变电站施工现场需要大量熔纤、配线，易出错，效率低，调试的大部分工作都是在排查接线正确性。装置接线采用航空插头预制，安装简单，整站二次设备安装时间大幅缩短。航空插头示意图如图 16-4 所示。

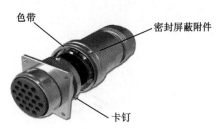

图 16-4 航空插头示意图

标准化的接口提升专业化检修中心利用自动测试技术等提高测试效率；全站保护配置、调试完毕后发往现场，现场经整组传动后即可投运，调试时间大幅缩短。

基于以上因素考虑，对连接器提出以下要求：

（1）装置接口采用专用电连接器和专用光纤连接器形式，通过预制电缆与预制光缆实现对外连接。

（2）电连接器与光纤连接器应具有唯一性标志，标志应清晰、耐久、易于观察。

（3）装置各个电连接器与光纤连接器之间应具有物理防误插措施，包括本连接器不同方向以及不同连接器之间可能出现的防误插措施。

（4）装置采用标准信息接口。

（5）电连接器的线径：除交流电流为 2.5mm^2 以外，其余均不小于 1.5mm^2；光连接器芯径：单模 0.9μm，多模 62.5μm。

（6）连接器的防护等级为 IP67。

（7）连接器的耐盐雾能力在 196h 以上。

16.2.3.4 铅封作业要求

铅封作业要求如下：

（1）保险丝材料为金属丝，单股直径应比保险丝孔至少小 0.2mm，双股直径为保险丝孔径的 1/3～3/4，一般不小于 0.8mm，紧固件间距小于 50mm，且保险丝孔径在 1.0～1.5mm 范围内时，允许使用直径为 0.5mm 的保险丝。

（2）应使用专用工具打保险丝，如用手绞时力度应适宜。

（3）保险丝端头应制出一端 3～6 个的扭结辫子，将其向下或向螺纹紧固件拧紧的方向弯曲，保险丝防松示意图如图 16-5 所示。

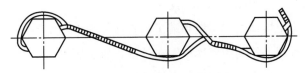

图 16-5 保险丝防松示意图

（4）安装后保险丝松紧适中，不宜拉得过紧或过松。

（5）保险丝不允许重复使用、过度弯折或绞结。

（6）保险丝用于螺栓组连接防松，螺栓组连接防松示意图如图 16-6 所示，绞紧保险丝端头，绞紧部分长度为 10～15mm，然后去除多余部分。

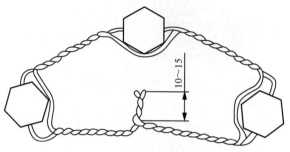

图 16-6　螺栓组连接防松示意图

（7）连接螺帽与线夹为两体结构，保险丝按图 16-6 要求打在两个螺钉孔上并与连接螺帽的一合适孔串联，保险丝的拉力方向应与螺纹旋紧方向一致，航插保险丝串接实物图如图 16-7 所示。

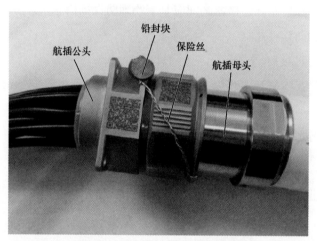

图 16-7　航插保险丝串接实物图

16.2.4　接地要求

16.2.4.1　装置接地要求

由于工作电气环境恶劣，就地化保护及其相关回路需要通过合理、良好的接地来保证设备安全和人身安全。就地化保护接地示意图如图 16-8 所示。

（1）取消全站二次等电位接地网，屏柜和端子箱直接与变电站主接地网相连。

（2）开关场设备至就地端子箱间的二次电缆在外部设置金属管，金属管两端接地。

（3）就地化保护装置通过外壳接地螺钉与主接地网连接。

（4）预制电缆铠装层两端接地，一端在端子箱内与主接地网直接相连，另一端与就地保护装置连接器外壳可靠连接，通过就地保护机箱外壳接地。

（5）预制电缆屏蔽层单端接地，屏蔽层装置侧与连接器金属外壳相连，通过就地保护机箱外壳接地。

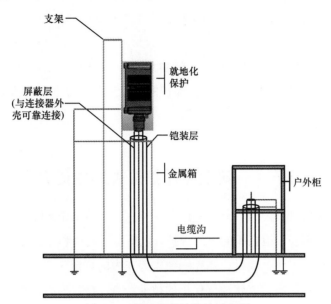

图 16-8 就地化保护接地示意图

16.2.4.2 柜（桩）接地要求

为防止电击对人身安全造成危害，柜（桩）中所有可能触及的金属部分应实现电气互连的连续性并可靠接地（保护地或安全地）。机柜外接铜排示意图如图 16-9 所示。柜（桩）接地要求如下：

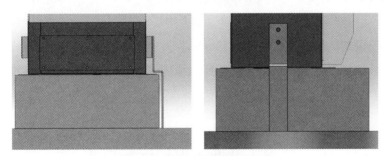

图 16-9 机柜外接铜排示意图

（1）确认各柜门与柜体、装置与柜体、线缆接地与铜排有接地线相连，且接地线安装紧固。

（2）接地线应为黄绿双色绝缘导线或套有黄绿双色套管的导体。

（3）接地连接处应有防锈蚀、防松脱及刺破绝缘层的措施，并应在导电连续性设计中选择较小的金属电极电位组合，以避免由于接合面产生电化学腐蚀而降低接地连接的可靠性。

（4）机柜与主接地网铜排连接，铜排采用整体铜质材料，柜体与铜排连接的紧固件可采用钢制件或铜制件。

17 就地化保护巡视巡检

对设备的定期运行巡视检查是随时掌握设备运行情况、变化情况、发现设备异常情况、确保设备连续安全运行的主要措施。本章介绍了就地化保护的运行巡视、专业巡检及远程巡检的要求和主要内容。

17.1 就地化保护巡视巡检简介

Q/GDW 1806—2013《继电保护状态检修导则》中对巡检（Routine Inspection）进行了定义：为获取设备状态量定期进行的巡视、检查和简单的维护，包括运行巡视和专业巡检。对继电保护及二次回路运行巡视和专业巡检提出了包括项目、周期和要求等在内的规定。

就地化保护巡视巡检工作应根据就地化保护的技术特点、物理形态、布置方式和运行要求，充分发挥装置自检功能、智能管理单元巡检功能、就地化保护运维主站的远程运维功能，结合现场定期开展的巡视巡检作业，全面收集和分析就地化保护巡视巡检数据和相关信息，科学合理地评估就地化保护实际运行状态，指导现场有针对性地开展设备检验工作，避免过度检修和盲目检修，并对设备全寿命周期的运行管理提供重要的数据支撑和辅助决策。

就地化保护巡视巡检工作应明确继电保护专业与相关一、二次专业之间的专业管理界面，做到职责清晰、内容规范、数据完整。运维人员负责就地化保护运行巡视、运行操作和职责范围内的异常处理，对工作中发现的问题，及时通知检修专业和其他相关人员，按照规定程序处理。继电保护检修人员负责就地化保护的专业巡检工作，依托就地化保护运维主站进行远方巡检，并定期开展现场巡检。

17.2 就地化保护运行巡视

17.2.1 总体要求

就地化保护运行巡视总体要求如下：

（1）运行巡视主要适用于在一、二次设备运行条件下，运维人员对继电保护装置及二次回路运行状态进行的检查。

（2）就地化保护的运行巡视区域包含就地化端子箱处和保护控制室内，宜结合一次设备运行巡视同步开展，并尽量选择天气条件良好的情况下进行。

1）就地化端子箱处巡视主要包括就地化保护装置、就地化端子箱、连接器及预制缆、硬压板、空气开关、就地操作箱及其二次回路的运行状态等。

2）保护控制室内巡视主要包括自动化监控系统、智能录波器、智能管理单元及其管理的保护设备、就地化保护专网设备、保护通信接口装置及其他相关二次设备等。

3）保护控制室内的巡视除屏柜及外观检查外，宜通过智能管理单元的一键巡视功能自动完成。智能管理单元的运行巡视不仅限于其本身，还需登录就地化保护装置的信息展示界面查看其运行状态。

（3）运维人员应对打印设备定期检查，使其处于完好运行状态，确保打印报告输出及时、完整。

17.2.2　作业规范性要求

就地化保护作业规范性：

（1）运维人员通过运行巡视工作，及时发现就地化保护装置及其二次回路的运行异常和缺陷，并根据现场运行规程进行处理。

（2）运维人员应熟悉和掌握就地化保护布置方案、整体架构、技术特点和运行要求，具备相应的运维操作能力。

（3）运行巡视内容应严格执行本书 17.2.2 的要求，不得漏项，做好记录，并携带相应测试工具。

（4）运维人员通过智能管理单元检查就地化保护运行状态时，应按照操作权限，使用本角色的账号和密码，严禁以其他非授权角色登录。

（5）运行巡视应严格执行现场安全工作规定。工作中发生非预期的事故或异常时，无论与本工作是否有关，均应立即停止工作，待事故或异常原因查明后，方可继续完成运行巡视工作。

17.2.3　内容和周期

1. 就地化保护端子箱处巡视项目

（1）就地化保护装置、就地操作箱运行环境及温、湿度检查；

（2）就地化保护装置、就地操作箱面板及外观检查；

（3）就地化端子箱箱体及箱内检查；

（4）空气开关、硬压板检查；

（5）连接器及预制缆检查；

（6）直流支路绝缘检查；

（7）封堵情况检查；

（8）红外测温检查。

2. 就地化保护控制室内巡视项目

（1）就地化保护装置、智能录波器定值及软压板检查；

（2）就地化保护装置、智能录波器电流检查；

（3）就地化保护装置、智能管理单元、智能录波器、就地化保护专网设备、保护通信接口装置、自动化监控系统运行工况检查；

（4）智能管理单元、智能录波器、保护通信接口装置屏柜及封堵情况检查；

（5）智能管理单元、智能录波器、保护通信接口装置外观检查；

（6）智能管理单元打印设备功能检查；

（7）自动化监控系统、智能录波器、智能管理单元与接入设备间通信状态检查。

3. 就地化保护巡视周期

就地化保护运行巡视项目、内容和周期如表 17-1 所示。

表 17-1　　　　　　　就地化保护运行巡视项目、内容和周期

序号	检查项目	运行巡视内容	周期
1	装置现场运行环境检查	记录就地化保护运行现场的环境温度及湿度	1次/月
2	装置外观检查	就地化保护装置、智能管理单元、就地化保护专网设备及就地操作箱外观无破损，指示灯正常	1次/月
		标识完好，无缺项及破损	
3	运行工况检查	间隔无告警信号，时钟对时正确	1次/月
		重合闸、备自投充电状态符合当前运行要求	
		保护软压板投入符合当前运行方式	
4	连接器及预制缆检查	外观无破损，连接器无松动、锈蚀，连接器铅封完好	1次/年
5	就地化端子箱检查	端子箱及箱内设备安装牢固无松动，无漏水、无凝露、无锈蚀、端子箱内清洁	1次/年
6	空气开关、硬压板检查	各功能开关、方式开关（把手）、空气开关、压板投退状态核对	1次/月
7	通信状况检查	监控系统、智能管理单元与接入设备通信正常	1次/月
8	定值检查	运行定值区符合当前运行方式	1次/年
		装置定值与最新定值单一致	
9	保护差流检查	运行中的三相电流和三相差流	1次/月
10	直流支路绝缘检查	通过在线检测仪对保护及控制直流各支路进行绝缘检查	1次/月
11	封堵情况检查	封堵严密，无漏光、防火墙、防火涂料符合要求，无破损脱落	1次/年
12	红外测温	利用红外成像对继电保护及二次回路进行检查（重点检查交流电流、交流电压二次回路接线端子、直流电源回路、连接器连接处）	2次/年
		检查就地操作箱无过热现象	

17.3　就地化保护专业巡检

17.3.1　总体要求

就地化保护专业巡检总体要求如下：

（1）专业巡检主要适用于检修人员在一、二次设备运行条件下，对继电保护装置及二次回路运行状态进行的检查及测试。

（2）专业巡检分为远方巡检和现场巡检。远方巡检在就地化保护运维主站进行，包括备份文件、就地化保护装置、智能管理单元、智能录波器等；现场巡检在就地化端子箱处和保护控制室内进行，包括备份文件、就地化保护装置、就地化端子箱、智能管理单元、二次回路及反措落实等。

（3）检修人员应收集和整理巡检信息，结合就地化保护实际运行状态进行分析、诊断与量化评估，制定相应的检修计划。

17.3.2 作业规范性要求

就地化保护专业巡检作业规范性：

（1）检修人员通过专业巡检工作，及时发现就地化保护及相关设备的运行异常和缺陷，并根据相关规程进行处理。

（2）专业巡检工作包括远方巡检和现场巡检两部分。远方巡检包括就地化保护装置、智能管理单元；现场巡检包括就地化保护装置、就地化端子箱（含就地操作箱）、智能管理单元、就地化保护专网设备、保护通信接口装置、直流支路绝缘。

（3）专业巡检应携带红外测温仪、钳形电流表、螺丝刀等必备工具，巡检内容应严格按照本书 17.3.2 的要求执行，巡检结束后填写继电保护记录簿，不得漏项。

（4）检修人员通过智能管理单元检查就地化保护运行状态时，应严格按照角色权限要求开展专业巡检工作，严禁以其他非授权角色登录。

（5）专业巡检工作中发生非预期的事故或异常时，无论与本工作是否有关，均应立即停止本工作，待事故或异常原因查明后，方可继续完成专业巡检工作。

17.3.3 内容和周期

1．就地化保护现场巡检项目

（1）就地化保护装置、备用电源自动投入装置等外观检查。

（2）就地化保护装置告警信息、光纤通道通信自检等运行工况检查。

（3）智能管理单元 CPU 使用率、内存使用率等运行工况检查。

（4）就地化保护装置版本与定值检查。

（5）连接器及预制缆检查。

（6）就地化端子箱及二次回路检查。

（7）空气开关、硬压板检查。

（8）模拟量与开入量检查。

（9）备份文件检查。

（10）反措落实情况检查。

（11）红外测温检查。

2．就地化保护远方巡检项目

（1）就地化保护装置告警信息、光纤通道通信自检等运行工况检查。

（2）智能管理单元 CPU 使用率、内存使用率等运行工况检查。

（3）就地化保护装置版本与定值检查。

（4）模拟量与开入量检查。

（5）备份文件检查。

3. 就地化保护巡检周期

就地化保护巡检项目、内容和周期如表 17-2 所示。

表 17-2　　就地化保护专业巡检项目、内容和周期

序号	检查项目	专业巡检内容	现场巡检周期	远方巡检周期
1	装置外观	就地化保护装置、智能管理单元、就地化保护专网设备及就地操作箱外观无破损，指示灯正常	1 次/年	—
		标识完好，无缺项及破损	1 次/年	—
2	就地化保护装置运行工况	告警信息检查、GOOSE 状态检查、状态监测检查、保护功能状态检查、软压板状态检查	2 次/年	1 次/月
		光纤通道通信自检，光纤信道丢包率、误码率无明显变化	2 次/年	1 次/月
		光功率检查收、发	2 次/年	1 次/月
3	智能管理单元运行工况	CPU 使用率和内存使用率检查	1 次/年	2 次/年
4	版本及定值	保护版本、定值与最新定值单一致	1 次/年	2 次/年
5	连接器及预制缆	外观无破损，连接器无松动、锈蚀，连接器铅封完好	1 次/年	—
6	就地化端子箱及二次回路	端子箱防水防潮条件是否满足要求，端子箱是否锈蚀、二次接线是否松动，接地网是否符合要求，电缆封堵是否良好	2 次/年	—
7	空开、硬压板	各功能开关、方式开关（把手）、空气开关、压板投退状态核对	2 次/年	—
8	模拟量	保护模拟量与测控模拟量的最大误差，差流值、负荷电流值	2 次/年	1 次/月
9	开入量	开入量与实际运行情况一致	2 次/年	1 次/月
10	备份文件	更换式检修中心与现场备份文件进行一致性比对	1 次/年	2 次/年
11	反措落实	各回路接地点及箱体接地点有无锈蚀、是否连接牢固	1 次/年	—
		等电位地网连接可靠性及二次电缆屏蔽层电流检查	1 次/年	—
		预制电缆屏蔽层接地及铠装层接地应可靠无锈蚀	1 次/年	—
12	红外测温	利用红外成像对继电保护及二次回路进行检查（重点检查交流电流、交流电压二次回路接线端子、直流电源回路、连接器连接处）	2 次/年	—
		检查就地操作箱无过热现象	2 次/年	—

17.4　就地化保护远程巡检

17.4.1　整体架构

就地化保护远程巡视整体架构如图 17-1 所示，系统由部署在站内的智能管理单元与远方运维主站构成。就地化保护运维主站安装在更换式检修中心，具有在线获取就地化保护装置及智能管理单元备份文件的功能。智能管理单元采用双重化冗余配置，与保护专网连接，获取保护数据，同时将保护数据传送给远方主站。保护专网通过隔离装置与站控层 MMS 连接，站控层设备从站控层网络获取保护数据。

就地化保护远程巡视功能部署在远方维护主站上，可依据专业巡检作业指导书，对相关内容一键式自动巡检，智能诊断保护装置运行状态，分析故障原因并自动出具巡检报告。

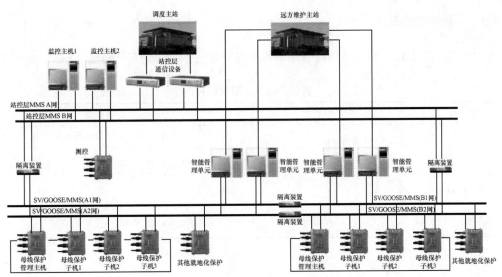

图 17-1　就地化保护远程巡视整体架构

17.4.2　巡检内容

17.4.2.1　就地化保护装置

巡检范围包括：定值区、定值、软压板、开入状态量、时钟、通信状态、二次回路状态（链路、光强、温度等）、软件版本、告警、模拟量、电流回路、电压回路、光纤通道、录波等。就地化保护装置巡检内容如表 17-3 所示。

表 17-3　　　　　　　　　　　　就地化保护装置巡检内容

序号	巡视内容	巡视项目	评价标准
1	通信状态	装置通信状态	通信正常
2	二次回路链路状态	装置各个具体的 GOOSE 控制块虚回路链路状态和物理实回路链路状态	GOOSE 控制块虚回路链路通信正常、物理实回路链路通信正常
3	模拟量	装置除电流电压外其他模拟量，如温度、光强、差流等	模拟量值在正常范围内
4	开入量	装置各个具体的开入	开入与基准值比较未变化
5	压板	保护各个具体的软压板和硬压板	压板与基准值比较未变化
6	定值区	保护当前定值区	当前定值区与基准值比较未变化
7	定值	保护各个具体的定值	定值与基准值比较未变化
8	软件版本	版本号、校验码等	软件版本与基准值比较未变化
9	通道信息	装置各个具体的通道信息	通道数据正常范围内
10	告警	装置各个具体的自检告警信息	无自检告警
11	对时	时钟同步	无对时异常告警，时间正常
12	电流、电压回路	各个具体的电流、电压	电流、电压在正常范围内
13	光纤通道	保护光纤通道信息	无告警信号，误码率在正常范围
14	录波	录波	收到录波文件

17.4.2.2 智能管理单元

巡检范围包括：设备运行工况、通信状态、备份文件一致性等。智能管理单元巡检内容如表 17-4 所示。

表 17-4　　　　　　　　　　　　　　智能管理单元巡检内容

序号	巡视内容	巡视项目	评价标准
1	运行工况	（1）CPU 使用率； （2）内存使用率	（1）CPU 使用率检查：CPU 使用率正常情况下不大于 25%（1min 平均值）； （2）内存使用率检查：正常情况下不大于 80%（1min 平均值）
2	通信状态	管理单元与就地化保护装置通信状态	通信正常
3	备份文件一致性	更换式检修中心与现场备份文件一致性比对	更换式检修中心与现场备份文件一致性比对

17.4.2.3 远程巡检功能框架

远程巡检功能框架如图 17-2 所示。

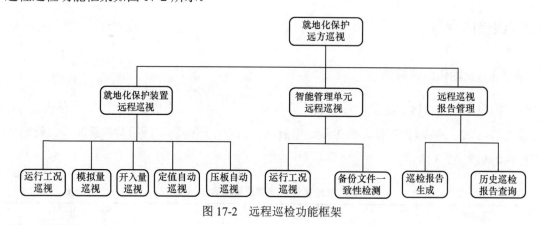

图 17-2　远程巡检功能框架

17.4.3　巡检功能

17.4.3.1 一键远程巡检功能配置

（1）巡检内容可定制：远程巡检的内容可根据运维人员需要，定制巡检内容，系统按照设置的巡检项目，依次巡视各设备。

（2）巡视路径设置：运维人员可以按照自己的巡视习惯设置巡视顺序，启动一键巡视后，系统按照设定的顺序依次巡视各设备。巡视顺序按照电压等级→间隔→设备的方式设置，如图 17-3 所示。

（3）一键巡视启动方式：一键远程巡视启动方式有两种，一种是手动启动一键巡视，在运维人员可根据需要随时启动一键巡视，一种是按照设置周期自动启动一键巡视。

17.4.3.2 就地化保护装置远程巡视

系统按照设定顺序及设定的巡视项目，读取当前通信状态、链路状态、对视状态、模拟量、保护动作状态等信息，并根据越限阈值分析各状态数据是否正常，在异常时产生告警。巡视结果按照巡视结果全景展示、装置巡视结果两层画面展示。

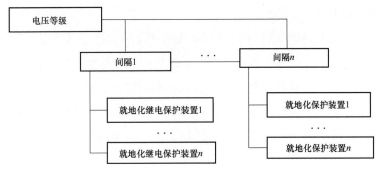

图 17-3　巡视顺序设置方式

（1）巡检结果全景展示：在全景展示画面上，以主接线图的形式，显示所有就地化保护设备在各个间隔的分布情况及巡检结果，如果巡检结果存在异常，则该装置上的异常告警等变位红色。

（2）装置巡检结果：点击异常设备弹出该设备所有信息展示画面，展示所有项目具体的巡视结果。装置巡检结果画面展示智能设备运行状态数据，包括装置异常、装置告警、装置失电、保护动作、重合闸出口、图形化显示设备光口强度、装置温度、电源电压、装置差流等关键信息，并支持历史数据查询、历史曲线分析功能和变化趋势预警、越限告警功能。

17.4.3.3　定值自动巡视

系统定期自动调用装置的定值，与数据库中提前设定的基准值进行核对，当发现不一致时进行系统告警，具体要求如下：

（1）自动定值核对。

1）自动核对周期可设定；

2）针对定值基准中已修改的装置进行优先定值自动核对；

3）自动核对不相等定值项要求告警提示，具体包括各装置定值核对正确与否和多少项定值有误差的信息发送；

4）周期性对全厂需要进行定值核对的保护装置进行核对。定值不一致时应告警展示。

（2）基准值管理。

1）基准定值支持从其他系统或文件直接获取或导入，预留与其他系统良好的接口，当基准发生变化时可以自动实现重新同步基准定值；

2）支持复制同一保护的不同区号下的基准值到另一区号；

3）同一保护支持多套或多种运行方式定值基准存在；

4）保护装置的每一套定值基准带时标，修订后建立一个新基准，老基准需保存以备查询；

5）可按照地区-厂站-一次设备类型-一次设备-保护的方式对定值核对基准进行管理、查询、修改、保存、打印。

17.4.3.4　压板自动巡视

针对智能变电站压板数量众多、不直观、无明显电气断点等特点，以及操作过程中容易造成漏投退、误投退问题，可通过压板自动巡视，实现全站压板状态监视、压板状态自动校核、压板状态异常告警，辅助运行人员及时发现异常压板。

将继电保护专工审核批准后的压板（把手）功能说明和正常运行方式投退状态录入后台监控系统。利用自动定时或手动触发进行全站压板巡视工作，系统自动将全站所有装置软、硬压板的当前投退状态与已审核批准的全站所有保护设备均处于正常投入状态时的压板投退状态进行比对，若与定义的正常状态不同，则弹出报警窗提示哪些压板处于不正常状态。对处于检修状态的装置，悬挂检修牌后不参与一键巡视报警功能。压板状态一键巡视处理流程如图 17-4 所示。

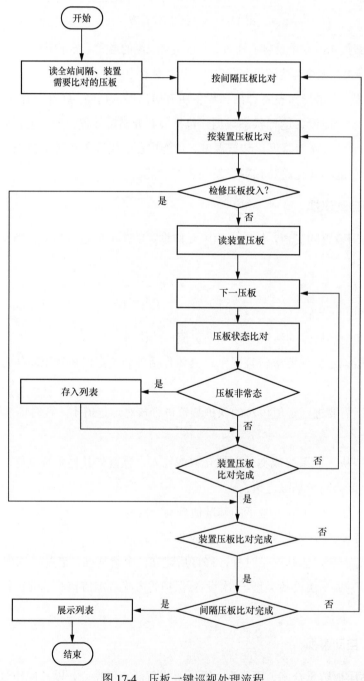

图 17-4　压板一键巡视处理流程

全站压板状态展示：按照站、区域（室）、屏柜、装置层级进行压板状态全景展示，画面区域、屏柜、装置及压板的位置布局与实际一致，符合运维人员巡视习惯，当压板状态异常时，界面以闪烁的方式提示用户注意，帮助运维人员及时发现问题。

17.4.3.5 智能管理单元远程巡检

智能管理单元工况巡视主要巡视内容为：

（1）CPU 使用率检查：CPU 使用率正常情况下不大于 25%（1min 平均值）。

（2）内存使用率检查：正常情况下不大于 80%（1min 平均值）。

启动智能管理单元远程巡视后，按照设定的时间段长度，连续读取 CPU 使用率及内存使用率，计算 1min 平均值，如果超出阈值，则以醒目颜色提示。

（3）CRC 码在线校验：在线读取装置的虚端子连线 CRC 码与归档的 SCD 文件比对，提示不一致的项，如图 17-5 所示。

图 17-5 CRC 码在线校验

（4）装置 CID 模型校验：运维主站定期在线读取就地化保护装置 CID、CCD 文件，与归档 SCD 文件比对，并可视化展示比对差异，界定影响范围。

17.4.3.6 运维主站远程备份管理

运维主站具备备份文件管理高级应用功能，由现场对就地化保护装置和智能管理单元进行备份，通过运维主站召唤并存储该备份文件。

更换式检修中心接到设备更换的通知时，检修人员在更换式检修中心选取相应的就地化备用保护设备并完成备份文件下装，通过就地化保护专用测试平台进行就地化备用保护设备的检验，出具测试合格报告，并跟踪故障设备处理结果。

备份文件的管理应遵循以下原则：

（1）就地化保护装置新安装投运、配置文件变更、定值修改后应对就地化保护装置进行一键式备份。

（2）智能管理单元新安装投运、配置文件变更后应对智能管理单元进行备份。

（3）运维主站召唤上述备份文件时，自动进行备份文件的一致性比对，保证运维主站备份文件与现场备份文件一致。

（4）就地化保护装置、智能管理单元的备份由现场运维人员在智能管理单元操作，备份文件"一键式下装"需在运维主站进行，严禁在现场操作。

（5）运维主站备份文件管控流程如图 17-6 所示。

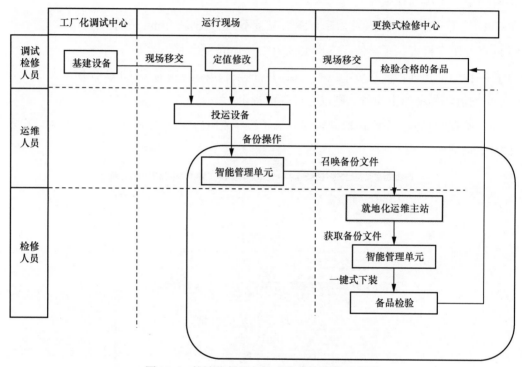

图 17-6　就地化保护备份文件管控流程示意图

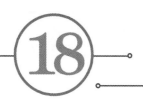

18 就地化保护更换式检修

更换式检修是指以就地化保护自身特点为基础，遵循"先检验后更换"的原则，以检验合格的备品替换现场设备，达到减轻现场作业压力，提高就地化保护检修效率的一种检修方式。本章介绍了就地化保护更换式检修的流程、检测项目、缺陷分级、安全措施及关键技术。

18.1 更换式检修的适用情况及检验场所

18.1.1 更换式检修的适用情况

属于下列情况的就地化保护，实施更换式检修：

（1）投运后的一年内的首次检验和每六年开展的全部检验。

（2）出现无法恢复至正常运行状态的严重故障或经鉴定存在严重硬件缺陷。

（3）就地化保护装置、智能管理单元、就地化保护专网设备的配置文件变更或程序升级。

18.1.2 更换式检修的检验场所

更换式检修中心（简称检修中心）是就地化保护更换式检修专用检验场所，具备相应的测试环境、空间、设备、仪器仪表及其他软、硬件条件，储备充足的就地化备用保护设备并实施有效管理。

更换式检修中心通过还原就地化保护运行环境，虚拟变电站实际环境，对被测装置信息流精确模拟，实现对更换保护装置的校验。就地化保护检验涵盖模型校验、保护逻辑校验、定值校验、配置文件校验、SV 对点、GOOSE 对点、外部回路的开入和开出传动等内容，具备配置文件管理、报告模板管理功能、用例定制与修改功能。

18.2 更换式检修流程与检测项目

18.2.1 更换式检修作业流程

更换式检修作业流程（见图 18-1）如下：

（1）由现场二次检修人员通知检修中心启动更换式检修工作，并与检修中心核对更换对象的装置型号、软件版本等必要信息。

（2）检修中心选取对应的就地化保护备品及其备份文件，通过运维主站对备品进行备份文件的"一键式下装"。

（3）检修中心对完成实例化配置的备品进行以单体检验、仿真联调为主的检修中心检验。

（4）将检验合格的备品移至现场，拆除原就地化保护，安装并连接新设备。

（5）二次检修人员对新设备进行以整组传动为主的现场检验，重点检验与现场其他关联设备间的数据收发、跳合闸回路的正确性。

（6）更换式检修完成后，现场运维人员经验收合格，按调度要求投入就地化保护。

（7）二次检修人员将拆除的原就地化保护返回检修中心处理。

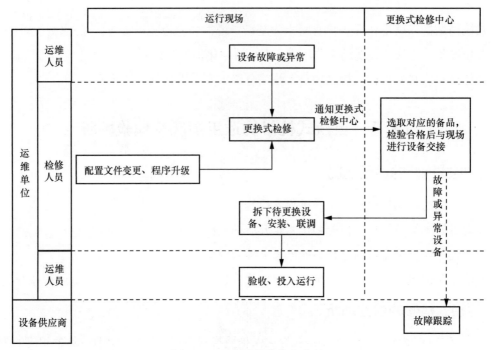

图 18-1　更换式检修作业流程

18.2.2　更换式检修检测流程

更换式检修测试平台具备模拟现场任一保护装置、测试任一保护装置、接收/发送环网报文、订阅/发布 SV 报文、订阅/发布 GOOSE 报文、故障重现、故障分析等功能，通过专用连接器与保护装置进行连接，实现即插即测、自动完成测试、自动出具测试报告。更换式检修检测流程如图 18-2 所示。

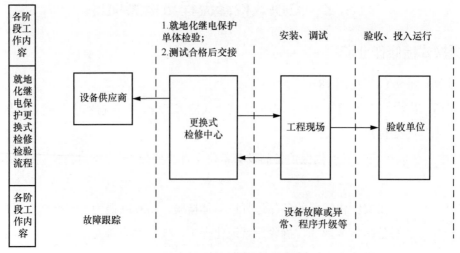

图 18-2　更换式检修检测流程

18.2.3　更换式检修检测项目

更换式检修检测项目如表 18-1 所示。

表 18-1　　　　　　　　　　　　更换式检修检测项目

序号	更换设备类型	更换式检修中心检验项目	现场检验项目
1	就地化保护装置	装置信息及外观检查、工作电源检查、模数变换系统检验、开关量输入检验、输出触点及信号检查、整定值的整定及检验、软压板检查、事件记录功能检查、纵联保护通道检验、SV 及 GOOSE 检验	与智能管理单元及监控后台的配合检查、整组试验、反措落实、按照当时负荷情况检验相关回路的正确性
2	智能管理单元	绝缘检验、通电检查、工作电源检查、智能管理单元检验（就地化保护备份文件双机一致性检查、信息查看、运行操作、报告查询、定值整定、定值单打印、调试菜单、备份管理、通信检查、操作权限、事件记录功能）	通电检查、智能管理单元检验（就地化保护备份文件双机一致性检查、信息查看、运行操作、报告查询、定值整定、定值单打印、调试菜单、备份管理、通信检查、操作权限、事件记录功能）、反措落实、按照当时负荷情况检验相关回路的正确性
3	连接器及预制缆	预制电缆绝缘检验、预制缆线芯一致性检查、预制光缆光衰检验、连接器检查（电流回路自封、色带、接口防尘盖检查）	预制电缆绝缘检验、整组试验、反措落实、铅封检查、按照当时负荷情况检验相关回路的正确性
4	就地操作箱	防跳及三相不一致回路检查（如有）、交流电压切换回路、跳合闸回路、指示灯	防跳及三相不一致回路检查（如有）、交流电压切换回路、跳合闸回路、指示灯、整组试验、反措落实
5	就地化保护专网设备	交换机配置文件检查、交换机以太网端口检查、交换机生成树协议检查、交换 VLAN 设置检查、交换机网络流量检查	光纤回路正确性检查、光纤回路外观检查、交换机网络流量检查、与就地化保护装置的通信检查、与智能管理单元及监控后台的配合检查、反措落实

18.3　缺陷分级及安全措施

18.3.1　缺陷分级

就地化保护纳入变电站设备缺陷统一管理，就地化保护缺陷按严重程度和对安全运行造成的威胁大小，分为危急缺陷、严重缺陷和一般缺陷三个等级。

18.3.1.1　危急缺陷

在下列范围内或特征相符的缺陷应列为危急缺陷：

（1）就地化保护装置、就地操作箱、控制回路等相关二次设备直流电源异常或消失。

（2）就地化保护装置死机、故障或异常退出，频繁重启，通道故障，接口设备运行灯异常或接口设备故障。

（3）就地化保护装置采样异常。

（4）就地操作箱异常告警。

（5）子机定值校验不一致，子机环网数据异常或通信断链。

（6）就地化保护专网设备异常告警。

（7）就地化保护专网通信中断或数据异常。

（8）连接器及预制缆异常。

（9）差流越限、控制回路断线、电压切换异常、直流系统接地。

（10）电流、电压互感器二次回路异常。

（11）开入、开出异常，可能造成保护不正确动作的。

（12）其他直接威胁设备安全运行的情况。

18.3.1.2　严重缺陷

在下列范围内或特征相符的缺陷应列为严重缺陷：

（1）就地化保护装置只发异常或告警信号，但保护未闭锁。

（2）就地化保护装置频繁告警或信号指示灯异常，但不影响动作性能。

（3）智能管理单元死机、故障或异常。

（4）就地化保护信息无法正常上传至就地化保护运维主站或调度端。

（5）就地化保护专网与站控层自动化系统通信中断。

（6）其他可能导致就地化保护部分功能缺失或性能下降的缺陷。

18.3.1.3　一般缺陷

在下列范围内或特征相符的缺陷应列为一般缺陷：

（1）就地化保护对时、打印功能异常。

（2）就地化端子箱损坏、二次端子锈蚀等，但不影响正常运行的缺陷。

（3）其他对设备安全运行影响不大的缺陷。

18.3.2　安全措施

当就地化保护装置、智能管理单元、就地化保护专网设备、就地操作箱、连接器及预制缆设备自身出现无法恢复至正常运行状态的严重故障或经鉴定存在严重硬件缺陷时，应开展更换式检修，并在现场运行规程中细化明确。在现场运行规程中编制安全措施实施细则时，就地化保护装置更换式检修安全措施格式及内容，要求如下：

（1）就地化保护装置的安全隔离措施一般可采用退出出口硬压板、退出装置软压板、投入检修压板、隔离交流回路、断开端子排接线、拔出连接器、断开装置间的连接光纤等方式实现检修装置（故障或异常装置）与运行设备间的安全隔离。

（2）就地化保护虚回路安全隔离应至少采取双重安全措施，如退出相关运行装置中对应的接收软压板，退出检修装置对应的发送软压板，投入检修装置检修压板。

（3）对于待检修的就地化保护装置 SV 发送部分，一次设备停役时，应退出订阅该检修装置 SV 数据的相关装置（如站域保护）接收软压板；一次设备不停役时，应退出订阅该检修装置 SV 数据的相关装置（如站域保护）。

（4）子机数量大于 2 的多绕组或多分支变压器保护，某一绕组侧或某一分支停电检修且变压器不停电时，除退出检修绕组侧或检修分支子机的出口压板外，还应退出变压器保护中其他子机中对应检修绕组侧或检修分支的子机压板。

（5）拔出连接器后，应将连接器接口防尘盖扣紧，防止对连接器造成损伤，拆下的防尘盖应在清洁环境统一保存。插、拔连接器前，应先核对接口两侧的对应色带颜色一致，确认操作正确性。

（6）插、拔"电源+开入"连接器前，先断开装置电源；插、拔"开出"连接器前，确认出口硬压板在退出状态；插、拔"通信"连接器时，应注意接口受力，防止纤芯折断；插、拔"交流电流+交流电压"连接器前，应在相应就地化端子箱处短路电流回路、隔离电压回路。

18.3.3 安全措施案例

18.3.3.1 就地化线路保护装置更换式检修安全措施案例

以 220kV 双母接线方式下线路间隔第一套保护为例，保护装置与其他设备网络连接示意图如图 18-3 所示。

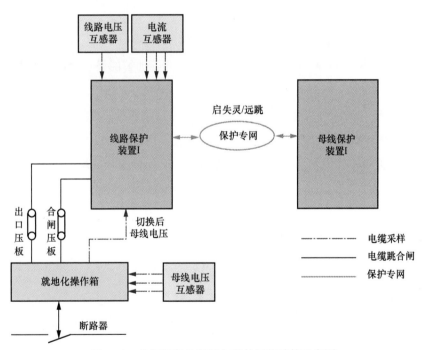

图 18-3 单间隔保护装置与其他网络连接示意图

【情况一】 一次设备停电情况下，220kV 线路第一套保护更换式检修安全措施

（1）保护装置退出：

1）运维人员退出该线路第一套保护出口硬压板；

2）运维人员退出 220kV 母线第一套保护跳该间隔出口硬压板、GOOSE 启失灵接收软压板；

3）运维人员退出订阅该线路保护 SV、GOOSE 数据的保护装置（母线保护、站域保护等）对应的 SV、GOOSE 接收软压板；

4）运维人员投入该间隔线路第一套保护检修软压板；

5）检修人员将该间隔线路第一套保护 TA 二次回路短接并断开、TV 二次回路断开；

6）运维人员断开该间隔线路第一套保护装置直流电源；

7）检修人员断开该线路第一套保护连接器，并将接口两侧专用连接器防尘盖扣紧。

（2）保护装置安装：

1）装置安装前，检修人员检查更换式检修中心出具的报告和压板确认单，并确认该线路第一套保护检修压板已投入；

2）检修人员按照"先挂后拧"的原则安装该线路第一套保护装置；

3）检修人员安装并紧固该线路第一套保护连接器；

4）检修人员恢复该线路第一套保护装置直流电源；

5）检修人员将该线路第一套保护 TA 二次回路和 TV 二次回路恢复正常；

6）检修人员检查该线路第一套保护装置与智能管理单元、监控后台通信正常，无非预期的异常报文，同时核查与之相关联运行装置无异常信号；

7）运维人员核对设备保护定值正确；

8）运维人员退出该间隔线路第一套保护装置检修软压板；

9）运维人员投入订阅该线路保护 SV、GOOSE 数据的其他智能设备对应的 SV、GOOSE 接收软压板；

10）运维人员投入 220kV 母线第一套保护跳该间隔出口硬压板、GOOSE 启失灵接收软压板；

11）运维人员投入该线路第一套保护装置出口硬压板。

【情况二】 一次设备不停电情况下，220kV 线路第一套保护更换式检修安全措施

（1）保护装置退出：

1）运维人员退出该线路第一套保护装置出口硬压板；

2）运维人员停役订阅该线路第一套保护装置 SV 数据的其他智能设备；

3）运维人员退出订阅该线路第一套保护装置 GOOSE 数据的 220kV 母线第一套保护及其他智能设备对应的 GOOSE 接收软压板；

4）运维人员停用该线路两侧第一套纵联保护；

5）运维人员投入该保护装置检修软压板；

6）检修人员将该间隔线路保护 TA 短接并断开、TV 回路断开；

7）检修人员断开该间隔线路第一套保护装置直流电源；

8）检修人员断开该保护装置专用连接器，并将接口两侧专用连接器防尘盖扣紧。

（2）保护装置安装：

1）装置安装前，检修人员检查测试中心出具的报告和压板确认单，并确认该线路第一套保护检修软压板已投入；

2）检修人员按照"先挂后拧"的原则安装该线路第一套保护装置；

3）检修人员安装并紧固该线路第一套保护装置专用连接器；

4）检修人员恢复该线路第一套保护装置直流电源；

5）检修人员将该线路第一套保护 TA 二次回路和 TV 二次回路恢复正常；

6）检修人员检查该线路第一套保护装置与智能管理单元、监控后台通信正常，无非预期的异常报文，同时核查与之相关联运行装置无异常信号；

7）运维人员核对设备保护定值正确；

8）运维人员退出该间隔线路第一套保护装置检修软压板；

9）运维人员投入该线路两侧第一套纵联保护；

10）运维人员投入订阅该线路第一套保护装置 GOOSE 数据的 220kV 母线第一套保护及其他智能设备对应的 GOOSE 接收软压板；

11）运维人员投入订阅该线路第一套保护装置 SV 数据的其他智能设备；

12）运维人员投入该线路第一套保护装置出口硬压板。

18.3.3.2 就地化主变压器保护装置更换式检修安全措施案例

以 220kV 双母接线方式下变压器间隔第一套保护为例，保护装置与其他设备网络连接示意图如图 18-4 所示。

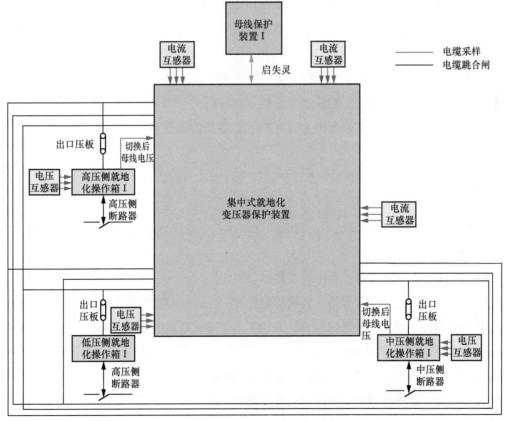

图 18-4 跨间隔保护装置与其他设备网络连接示意图

【情况一】 一次设备停电情况下，220kV 变压器第一套就地化保护更换式检修安全措施

（1）保护装置退出：

1）运维人员退出该变压器第一套保护出口硬压板；

2）运维人员退出 220kV 母线第一套保护跳该变压器出口硬压板、GOOSE 启失灵接收软压板；

3）运维人员退出订阅该变压器保护 SV、GOOSE 数据的其他智能设备对应的 SV、GOOSE 接收软压板；

4）运维人员投入该变压器第一套保护检修软压板；

5）检修人员将该变压器第一套保护装置相应侧 TA 二次回路短接并隔离、TV 二次回路断开；

6）运维人员断开该变压器第一套保护装置直流电源；

7）检修人员断开该变压器第一套保护装置专用连接器，并将接口两侧专用连接器防尘盖扣紧。

（2）保护装置安装：

1）装置安装前，检修人员检查更换式检修中心出具的报告和压板确认单，确认该变压器第一套保护装置检修软压板已投入；

2）检修人员按照"先挂后拧"的原则安装该变压器第一套保护装置；

3）检修人员安装并紧固该变压器第一套保护装置专用连接器；

4）检修人员恢复该变压器第一套保护装置直流电源；

5）检修人员将该变压器第一套保护装置 TA 二次回路和 TV 二次回路恢复正常；

6）检修人员检查该变压器第一套保护装置与智能管理单元、监控后台通信正常，无非预期的异常报文；

7）运维人员核对设备保护定值正确；

8）运维人员退出该变压器第一套保护装置检修软压板；

9）运维人员投入订阅该变压器保护 SV、GOOSE 数据的其他智能设备对应的 SV、GOOSE 接收软压板；

10）运维人员投入 220kV 母线第一套保护跳该变压器出口硬压板、GOOSE 启失灵接收软压板；

11）运维人员投入该变压器第一套保护装置出口硬压板。

【情况二】 一次设备不停电情况下，220kV 变压器第一套保护装置更换式检修安全措施

（1）保护装置退出：

1）运维人员退出该变压器第一套保护装置出口硬压板；

2）运维人员停役订阅该变压器第一套保护装置 SV 数据的其他智能设备；

3）运维人员退出订阅该变压器第一套保护装置 GOOSE 数据的 220kV 母线第一套保护及其他智能设备对应的 GOOSE 接收软压板；

4）运维人员退出该变压器第一套保护装置 GOOSE 输出软压板；

5）运维人员投入该变压器第一套保护装置检修软压板；

6）检修人员将该变压器第一套保护装置相应侧 TA 短接并隔离、TV 回路断开；

7）检修人员断开该变压器第一套保护装置直流电源；

8）检修人员断开该变压器第一套保护高压侧子机专用连接器，并将接口两侧专用连接器防尘盖扣紧。

（2）保护装置安装：

1）装置安装前，检修人员检查测试中心出具的报告和压板确认单，并确认该变压器第一套保护装置检修软压板已投入；

2）检修人员按照"先挂后拧"的原则安装该变压器第一套保护装置；

3）检修人员安装并紧固该变压器第一套保护装置专用连接器；

4）检修人员恢复该变压器第一套保护装置直流电源；

5）检修人员将该变压器第一套保护装置相应侧 TA 二次回路和 TV 二次回路恢复正常；

6）检修人员检查该变压器第一套保护装置与智能管理单元、监控后台通信正常，无非预期的异常报文；

7）运维人员核对设备保护定值正确；

8）运维人员退出该变压器第一套保护装置检修软压板；

9）运维人员投入该变压器第一套保护装置；

10）运维人员投入订阅该变压器第一套保护装置 GOOSE 数据的 220kV 母线第一套保护及其他智能设备对应的 GOOSE 接收软压板；

11）运维人员投入订阅该变压器第一套保护装置 SV 数据的其他智能设备；

12）运维人员投入该变压器第一套保护装置出口硬压板。

18.4　更换式检修关键技术

18.4.1　一键式备份

就地化保护装置依照 IEC 61850 标准体系开发，采用标准化文件备份软硬件接口。当装置自身出现无法恢复至正常运行状态的严重故障或经鉴定存在严重硬件缺陷时，通过更换式检修模式，使用检验合格的备用装置替换故障装置，将现场装置的备份文件下装入备用装置中。因此一键式备份是实现更换式检修的重要保证。

智能管理单元内设置专有备份区，用来存储就地化保护装置和智能管理单元本身的备份文件。就地化保护装置投入运行时需通过智能管理单元召唤装置内备份文件，并将备份文件打包存入智能管理单元备份区。就地化保护运维主站需保存一份相同备份，此备份由就地化保护运维主站从智能管理单元召唤获得。

18.4.2　一致性校验

就地化保护运维主站安装在更换式检修中心，具有在线获取就地化保护装置及智能管理单元的备份文件的功能，存有与变电站内当前运行方式完全一致的保护装置、智能管理单元相关文件备份。智能管理单元安装在变电站保护小室内，采用双重化冗余配置。智能管理单元内同样设有专有备份区，用来存储就地化保护装置及智能管理单元备份文件。此时就地化保护运维主站、双重化配置的智能管理单元各存有一份同一变电站的备份文件。此时需要对这三份不同物理存储位置的备份文件进行一致性校验。

一致性校验技术主要应用于变电站内智能管理单元与就地化保护装置间、双重化配置智能管理单元间、就地化保护运维主站与变电站内智能管理单元间备份文件的一致性校验。通过一致性校验，确保了存储于不同物理位置的备份文件正确性，为备用装置更换后的可靠运行提供了保障。

一致性校验流程示意图如图 18-5 所示。SCD 文件由系统集成商在完成全站系统配置后生成。为减少用户操作，智能管理单元应将 SCD 文件作为全站统一数据源，一键式生成包含就地化保护装置的 CCD、CID、设备身份代码等文件和智能管理单元自身配置、数据库等文件的备份文件。

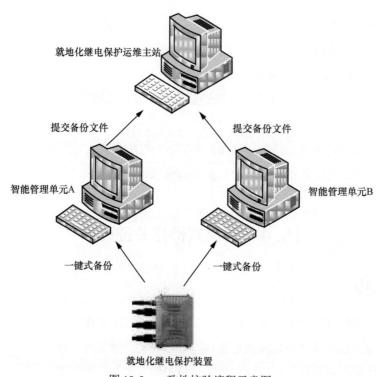

图 18-5　一致性校验流程示意图

在完成全站装置的整体数据备份后，将全站装置的备份文件通过网络一并提交到就地化保护运维主站进行存储和管理，数据包提交到就地化保护运维主站后，再次对数据包的完整性进行检查，确定在提交的过程中数据包没有发生改变，检修人员过对全站装置的备份文件进行查看和管理，例如查看每个备份文件的提交时间、所含内容、软件版本、定值参数等信息，确保装置备份文件对检修人员透明、可控。

当装置发生故障需要进行更换时，厂家提供的备用装置已经完成相应的固件灌装，检修人员在更换式检修中心恢复备用装置的配置文件，通过扫描装置的身份识别代码电子标签，保证备份文件与装置身份的一致性；将备用装置中的文件进行 MD5 码计算，与备份文件的 MD5 码进行一致性比对，两者 MD5 一致时，确认更换后的装置程序与正常使用的程序一致，方可进一步对配置文件进行恢复。

18.4.3 一键式下装

就地化保护设备升级维护或整体更换时，需要在更换式检修中心将对应备份文件下装到经检验合格备用装置。若采用传统下装方式，需相应装置厂家配合，将备份文件逐项下装。为提高工作效率，需要开发一键式下装技术，将经一致性校验通过后的备份文件，在更换式检修中心一键式打包下装到装置。

设备维护或整体更换时，就地化保护运维主站从智能管理单元中获取装置的备份文件，在更换式检修中心一键式下装到装置，变电站现场不允许一键式下装。一键式下装采用 MMS 文件服务，路径同一键式备份路径。装置对下装的配置文件正确性进行校核。校核正确后装置自动重启使配置生效。下装备份解析成功状态、下装备份解析失败状态智能管理单元有报告提示。智能管理单元具备对下装异常情况的处理能力。一键式下装流程如图 18-6 所示。

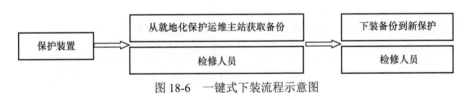

图 18-6　一键式下装流程示意图

一键式下装需投入检修压板，其功能键应布置在菜单或者工具栏。

18.4.4 一键式检验

继电保护装置就地化后取消了液晶面板，若继续采用传统检验方法，对装置进行定值修改、参数设置、接点测量、信号确认、信号复归等各种操作，需多人在不同地点才能完成上述工作；就地化端子箱由于新增预制缆接口，其检验方法也与传统端子箱有所不同；就地化保护智能管理单元检验、就地化保护专网设备检验、保护通信接口装置等新增检验项目也需开发相应的检验技术。就地化保护装置依照 IEC 61850 标准体系开发，采用标准化软硬件接口，使得通过就地化保护专用测试平台对相应检验项目件进行一键式检验成为可能。

在装置到达更换式检修中心后，需模拟现场运行环境，搭建就地化保护专用测试平台，此平台应具有一键式完成各种类型保护装置模拟量采样、逻辑功能校验、开入开出等单体功能校验，以及一键式完成保护专网测试，以及一键式完成对整站系统各种类型故障的模拟测试的能力，以及一键式输出检测报告等功能。

在原有微机继电保护测试仪的基础上，利用 VC 作为软件的开发平台，依靠 MATLAB 仿真引擎作软件后台，设计并实现了可以连续仿真并输出仿真数据的继电保护自动化测试软件。该软件实现了对 MATLAB 仿真接口的调用、测试仪软件测试接口的调用、整定值读写等功能，同时还可对保护专网进行测试，最终测试结果可一键式输出报告。一键式自动检验流程如图 18-7 所示。

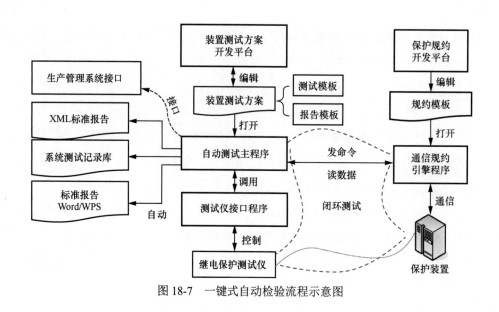

图 18-7　一键式自动检验流程示意图

18.4.5　多装置智能管理

就地化保护装置的配置及测试工作在更换式检修中心完成，将测试完成的就地化保护装置在现场安装或更换后，采用多装置管理技术，对与之相关联的多套装置电流电压的相位幅值、潮流对比，自动判别 TV、TA 的相序极性、潮流。相关联设备相位幅值、潮流对比界面如图 18-8 所示，图左侧为列表选择间隔及间隔下相应的装置，右侧是各个支路需要输入的数值，点击开始后对应间隔就运算，并展示坐标系，并给出计算判断结果。通过就地化保护智能管理单元可自动完成保护带负荷校验。

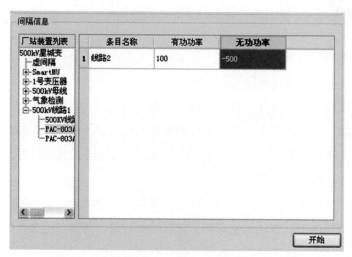

图 18-8　相关联设备相位幅值、潮流对比界面图

18.4.6　备份文件管理

保护装置及智能管理单元的备份文件存在于就地化保护运维主站及变电站双重化配置的智能管理单元中，此三处位置的备份文件要求完全相同，且与现场当前运行情况完全一致。这要求无论在变

电站现场的就地化保护装置或智能管理单元发生任何变动，变动完成后都要由智能管理单元重新一键备份，并由就地化保护运维主站召唤，全站备份文件通过网络一并提交到就地化保护运维主站进行存储和管理。三处位置存储的备份文件经一致性校验通过后，删除旧版备份文件，只保留与现场一致的最新版本。若就地化保护运维主站与变电站现场智能管理单元备份文件不一致，应以现场智能管理单元为准。运维主站的备份文件要定期与变电站智能管理单元进行比对，并自动生成比对记录。

18.4.7 备用装置管理

对于就地化保护装置，保护装置的物理形式发生了根本性变化，当装置出现故障时，需要对装置整体进行更换。由于采用了专用连接器，连接器的所有线芯都经过标准化，在更换保护装置时，装置的所有外部回路均保持不变，只需将故障的保护装置与专用连接器分离，并更换新的保护装置，经过简单的回路传动试验后，保护装置即可投入运行，实现了保护装置的即插即用。检修时，装置的配置及测试工作在更换式检修中心完成，现场整机更换，从而使得现场作业简单高效，大大缩短了停电时间，同时降低了"三误"事故的发生概率。但整机及专用连接器的更换对备用装置储备数量、整体调度取用流程提出了新的要求。

就地化保护运维主站收集所管辖变电站的所有智能设备的状态检修数据，以同一类型装置为单元进行分析，各类参考数据及时上送并得到有效的分析统计。利用科学的算法建立一套有效的评价体系，科学地制定检修计划。

备用装置管理可参照《血站管理办法》实施。以省级电力公司为单位设立备用装置中心，备用装置中心负责建立可实时更新的全省备用装置信息统计库。以市级电力公司为单位设立备用装置库，备用装置库负责建立本市备用装置信息统计库并承担本市备用装置的仓储及质量控制工作。当本地区备用装置库中没有与现场需更换的设备同型号的备用装置时，自动查询备用装置信息统计库信息，申请调度其他市级单位备用装置库中相匹配的设备，就近从本省其他地区备用装置库中调用，调用之后从厂家购置同样设备补充回相应备用装置库中以备下次使用。

备用装置信息统计库同时应跟踪相应型号装置的故障原因及消缺流程，计入备用装置故障跟踪系统，供现场人员查看。

配置工具菜单及类别如表 A.1 所示。

表 A.1   配置工具菜单及类别

菜单及功能类别	菜单/功能项	描述	备注
文件菜单	新建	SCD 文件	
	保存	保存修改到 SCD 文件	
	另存为		
	最近的项目	能显示最近打开的 SCD 文件	
	退出		
帮助菜单	使用说明	打开工具的使用说明书	
	关于	展示工具版本及更新记录	
导入文件功能	SCD 文件		
	ICD 文件		
	SSD 文件		
	智能装置清单文件		
	虚端子表文件		
	SPCD 文件		可选
导出文件功能	CCD 文件		
	CID 文件		
	SCD 文件		
	SSD 文件		
	虚端子连线表		
	交换机配置文件（CSD）		
	SPCD 文件		可选
	源端维护文件（CIM）		可选
	GIM/G 图形文件		可选
	SVG 图形文件		可选
	IED 更新文件		
	全站通信配置表		
	全站装置信息表		可选
通信配置功能	创建子网	生成 MMS 子网、GOOSE 子网和 SMV 子网	
	配置 MMS 子网	自动/手动配置 IP 地址	
	配置 GOOSE 子网	自动/手动配置 MAC、APPID、VlanID、优先级等参数	
	配置 SMV 子网		
	物理端口配置	配置连接的装置和端口	
		配置连接端口的 Cable	
IED 配置功能	配置虚端子连线	以表格或图形方式建立虚端子连接	
		配置接收虚端子的物理端口	
		基于标准模板的虚端子自动连接	
	配置实例化	修改参引的描述	

续表

菜单及功能类别	菜单/功能项	描述	备注
版本管理功能	版本浏览	查看历史版本	
	版本回溯	更新到指定历史版本功能	
	生成校验码	SCD 文件 CRC 校验码	
		装置虚端子 CRC 校验码	
	核对校验码	SCD 文件 CRC 校验码	
		装置虚端子 CRC 校验码	
	版本对比	SCD/CCD/CID 文件不同版本的比对功能	
下装功能	下装 CID 文件	一键自动下装 CID/CCD 文件，下装过程中能实时比对 CID/CCD 文件并提示差异	
	下装 CCD 文件		
校验功能	语法校验	按选择的 Schema 版本校验 SCD 文件	
	语义校验	对 SCD 文件的语义校验，包括 SSD、通信配置合法性、实例化一致性、模型引用合法性、模板重复性和连线等校验	
	二次虚回路校验	基于标准模板的二次虚回路校验	
可视化	SSD 的可视化配置	可视化配置和展示 SSD	
	物理网络连接图	展示装置（包括交换机）网络连接图	可选
	虚端子连线	图形化展示以选择的装置为中心的虚端子连接关系	
	SCD 比对	按节点展示 SCD 中的差异	
	CCD 比对	按节点展示 CCD 中的差异	
工程解耦	导出 BCD 文件	将 SCD 文件解耦成 BCD/LOCK.BCD	
	合并 BCD 文件	合并/BCD/LOCK.BCD 成 SCD	
	SCD 变更波及分析	波及可视化分析	
自动配置	一键配置通信和连线	自动配置全站装置的通信参数和虚端子连线	

（1）线路间隔设备列表如表 B.1 所示。

表 B.1　　　　　　　　　　　　　　　　线路间隔

一次设备	name	desc	virual
线路			
线路侧 TV			
线路侧接地开关			
线路侧隔离开关			
TA			
断路器			
I 母隔离开关			
II 母隔离开关			
母线侧接地开关			

（2）母线间隔设备列表如表 B.2 所示。

表 B.2　　　　　　　　　　　　　　　　母线间隔

一次设备	name	desc	virual
母线（连接点）			
母线 TV			
TV 隔离开关			
TV 接地开关			

（3）母联或分段断路器设备列表如表 B.3 所示。

表 B.3　　　　　　　　　　　　　母联或分段断路器间隔

一次设备	name	desc	virual
I 母侧隔离开关			
I 母侧接地开关			
断路器			
II 母侧隔离开关			
II 母侧接地开关			

（4）站用变间隔设备列表如表 B.4 所示。

表 B.4　　　　　　　　　　　　　　　　站用变间隔

一次设备	name	desc	virual
变压器			

（5）电容器间隔设备列表如表 B.5 所示。

表 B.5   电容器间隔

一次设备	name	desc	virual
接地开关 1			
隔离开关 1			
电容器			
隔离开关 2			
接地开关 2			
TA			
TV			

（6）电容器间隔设备列表如表 B.6 所示。

表 B.6   电抗器间隔

一次设备	name	desc	virual
接地开关 1			
隔离开关 1			
电抗器			
隔离开关 2			
接地开关 2			
TA			
TV			

（7）直连母线的变压器断路器间隔设备列表如表 B.7 所示。

表 B.7   直连母线的变压器断路器间隔

一次设备	name	desc	virual
母线	Bus_		
接地开关 1			
接地开关 2			
断路器			
断路器侧接地开关			
隔离开关			
变压器侧接地开关			

（8）变压器高压侧断路器间隔设备列表如表 B.8 所示，变压器中侧断路器间设备列表如表 B.9 所示，变压器低压侧断路器间隔设备列表如表 B.10 所示。

表 B.8   变压器高压侧断路器间隔

一次设备	name	desc	virual
I 母线侧隔离开关			
II 母线侧隔离开关			
母线侧接地开关			
断路器			
TA			
断路器变压器侧接地开关			
变压器侧隔离开关			
变压器侧接地开关			

表 B.9 变压器中侧断路器间隔

一次设备	name	desc	virual
变压器侧接地开关			
变压器侧隔离开关			
TA			
断路器			
断路器母线侧接地开关			
Ⅰ母线侧隔离开关			
Ⅱ母线侧隔离开关			

表 B.10 变压器低压侧断路器间隔

一次设备	name	desc	virual
变压器侧接地开关			
变压器侧隔离开关			
TA			
断路器			
断路器母线侧接地开关			
Ⅰ母线侧隔离开关			
Ⅱ母线侧隔离开关			

（9）电设备定义。导电设备属性如表 B.11 所示。Type 定义如表 B.12 所示。端子定义如表 B.13 所示。子设备属性如表 B.14 所示。电压互感器：分相电压互感器(三相)，属性带子设备（SubEquipment）；电流互感器：分相电压互感器（两相、三相、三相带中性点），属性带子设备（SubEquipment）；断路器：可能有分相断路器，属性带子设备（SubEquipment）。连接点分为三种：母线、设备间连接点、接地点，连接点属性如表 B.15 所示。

表 B.11 导电设备属性表

属性名称	值类型	备注
name	char	M
desc	char	O
type	char	M 不可修改
virtual	char	O

表 B.12 Type 定义

Type	设备
CBR	断路器
DIS	隔离开关
CTR	电流互感器
VTR	电压互感器
CAP	电容器
REA	电抗器
IFL	线路

表 B.13 端子定义

设备	端子个数
断路器	2
隔离开关	2
电流互感器	2
电压互感器	1
电容器	1 OR 2
电抗器	1 OR 2
线路	1

表 B.14 子设备属性

属性名称	值类型	备注
name	char	M
desc	char	O
phase	char	O
virtual	char	O

表 B.15 连接点属性表

属性名称	值类型	备注
name	char	M
desc	char	O
pathName	char	M